- Zahlen und Operationen
- Raum und Form
- Muster und Strukturen
- Größen und Messen
- Daten, Häufigkeit und Wahrscheinlichkeit

Grundlage: KMK-Bildungsstandards

1 Schreibe die Zahlen von 1 bis 25 geordnet in dein Heft.

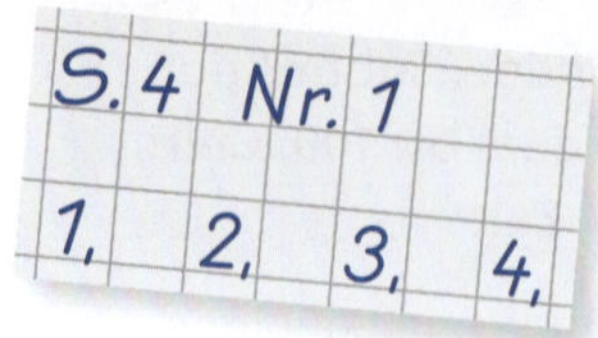

2 Schreibe Vorgänger und Nachfolger auf.

a) 8
12
2
16

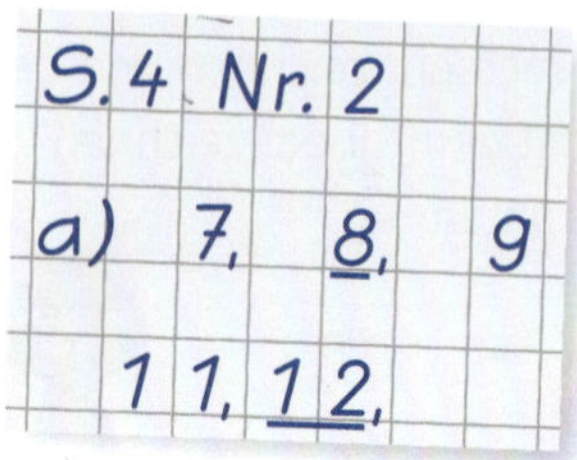

b) 9
15
6
13

c) 19
11
4
17

d) 20
7
14
10

e) 18
5
1
3

3 >, < oder = ?

a) 3 ● 5
8 ● 6
4 ● 4
9 ● 6

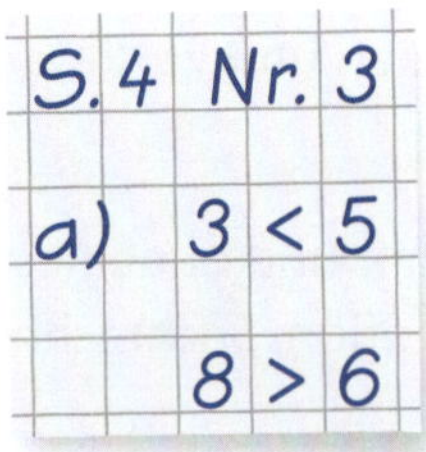

b) 10 ● 11
5 ● 15
13 ● 12
17 ● 14

c) 18 ● 18
19 ● 10
16 ● 6
18 ● 20

d) 7 + 1 ● 8
6 + 1 ● 5
1 + 8 ● 10
10 + 10 ● 19

4 Ergänze die fehlenden Zahlen.

a) 7 = 1 + ■
7 = ■ + 3
7 = 5 + ■
7 = ■ + 4

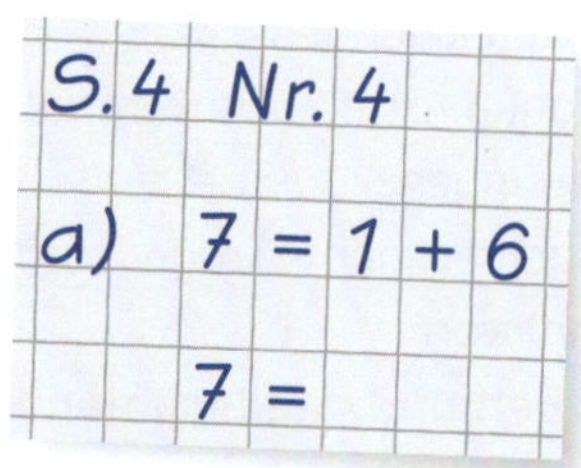

b) 8 = 4 + ■
8 = ■ + 6
8 = 5 + ■
8 = ■ + 8

c) 9 = 7 + ■
9 = ■ + 5
9 = 2 + ■
9 = ■ + 6

d) 10 = 2 + ■
10 = ■ + 6
10 = 3 + ■
10 = ■ + 5

5 a)

+	3	4	5
3			
13			

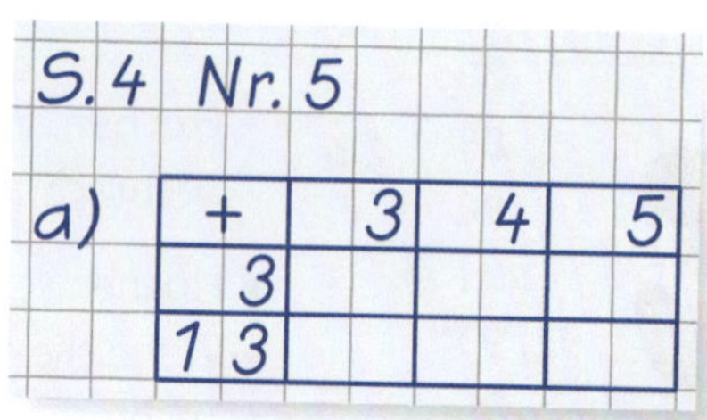

b)

−	2	4	6
9			
19			

6 Zeichne die Muster in dein Heft und setze sie fort.

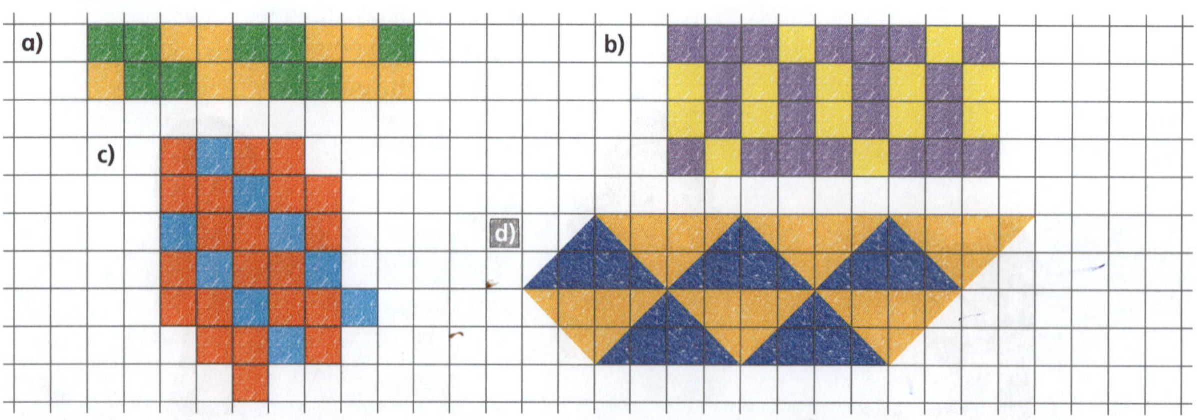

e) Erfinde selbst ein Muster und zeichne es in dein Heft.

5 Arbeitsheft, Kopiervorlage oder Beispiel für Hefteintrag nutzen

1

a) 17 + 2 = ■
13 + 4 = ■
15 + 5 = ■
14 + 6 = ■

S. 5 Nr. 1
a) 17 + 2 = 19
7 + 2 = 9

b) 11 − 1 = ■
16 − 3 = ■
19 − 6 = ■
17 − 5 = ■

c) 12 + 7 = ■
18 − 5 = ■
14 + 4 = ■
19 − 3 = ■

2 Zeichne und rechne.

a) 8 + 9 = ■
6 + 8 = ■
9 + 3 = ■
5 + 7 = ■

S. 5 Nr. 2
a) 8 + 9 = 17

b) 12 − 6 = ■
14 − 8 = ■
11 − 9 = ■
15 − 7 = ■

c) 4 + 8 = ■
17 − 9 = ■
5 + 6 = ■
13 − 5 = ■

3 Ergänze die fehlenden Zahlen.

a) 5 + 9 = ■
4 + ■ = 13
■ + 6 = 12
7 + ■ = 10

b) 10 − 9 = ■
8 − ■ = 5
■ − 6 = 7
15 − ■ = 11

c) 3 + 10 = ■
16 − ■ = 9
■ − 4 = 16
14 + ■ = 19

d) 17 − 11 = ■
8 + ■ = 20
■ − 8 = 1
20 + ■ = 20

4 Finde die Aufgabenfamilie.

a) 3 7 10

b) 6 8 14

c) 4 5 9

S. 5 Nr. 4
a) 3 + 7 = 10
7 + 3 =
10 − 7 =
10 − 3 =

d) 7 9 ■

e) 10 ■ 20

f) ■ 4 12

5 a)

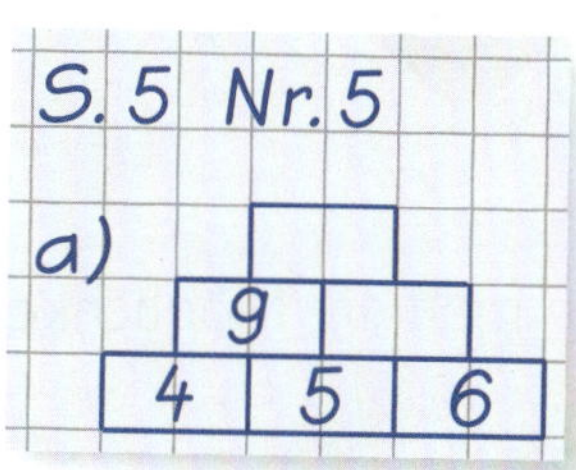

b)

c)

1 Wie bezahlst du? Lege und schreibe auf.

a) 

S. 6 Nr. 1

a) 3 €: (2) (1)

b) 

c) 

d) 

e) 

f) 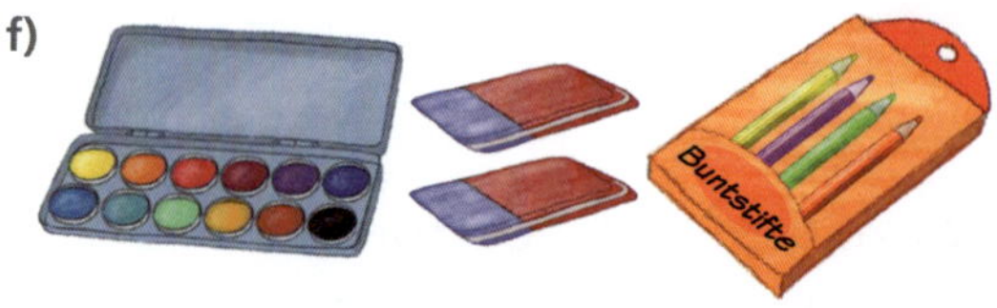

2 Du bezahlst mit einem 10-Euro-Schein. Wie viel bekommst du zurück?

a) 

S. 6 Nr. 2

a) 10 € − 8 € = 2 €

Ich bekomme 2 € zurück.

b) 

c) 

d) 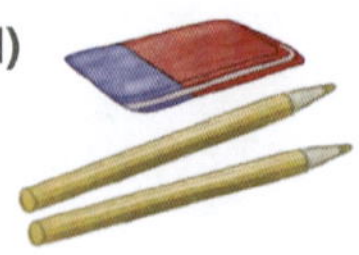

e) 

f) 

3 Du bezahlst mit einem 20-Euro-Schein. Wie viel bekommst du zurück?

a) 

b) 

c) 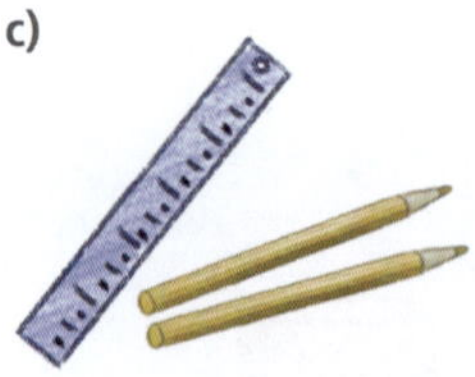

4 Du hast 20 €. Was kaufst du dir dafür? Suche mehrere Möglichkeiten.

1–3 Kaufsituationen mit Spielgeld (Beilage 4) nachspielen

1 Schreibe beide Uhrzeiten auf.

a)

b)

c)

S.7 Nr. 1
a) 8 Uhr
20 Uhr

d)

e)

2 a) Auf dem Schulhof standen vor den Ferien 8 Spielgeräte. Während der Sommerferien wurden zusätzlich 5 neue aufgebaut.
Wie viele Spielgeräte sind es jetzt?

S.7 Nr. 2
a) 8 + 5 =

Es sind jetzt ____ Spielgeräte.

b) Die Zwillinge Lilly und Leo brauchen für das neue Schuljahr insgesamt 16 neue Hefte. Die Mutter hat bereits 7 Hefte gekauft.
Wie viele müssen sie noch kaufen?

c) In der Klasse 2a sind 20 Kinder. Inzwischen können schon 8 Kinder Blockflöte spielen.
Wie viele Kinder können nicht Blockflöte spielen?

3 Beantworte die Fragen.

EISKARTE

Spaghettieis	5€
Bananensplit	4€
Kleines gemischtes Eis	2€
Großes gemischtes Eis	3€
Nussbecher	4€
Milchshake	3€

a) *Wie viel kosten zwei kleine gemischte Eis, ein Spaghettieis und ein Nussbecher?*

Das kostet ■ Euro.

b) Herr Keller bestellt Milchshakes für die ganze Familie. Er bezahlt 15€.
Wie viele Milchshakes hat Herr Keller gekauft?

c) Was kannst du für 10€ bestellen?
Suche drei verschiedene Möglichkeiten.

1 Zählt die Gegenstände der Kinder.

2 Zählt Gegenstände in eurem Klassenzimmer.

3 Stelle jede Zahl auf zwei Arten dar.

a)

S. 8 Nr. 3
a) 30 + 4 = 34
3 Z + 4 E =

b)
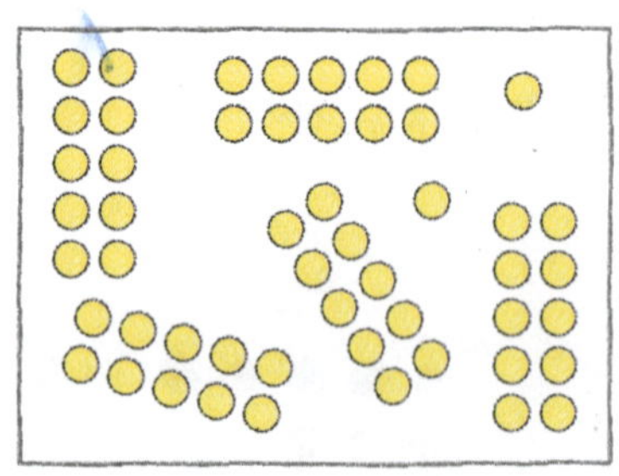

c)
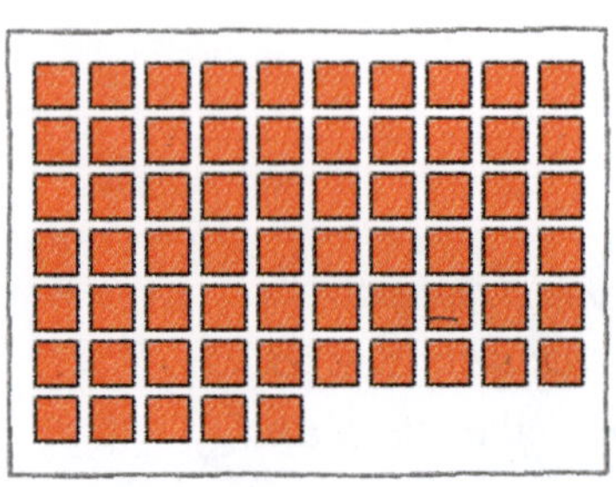

d)
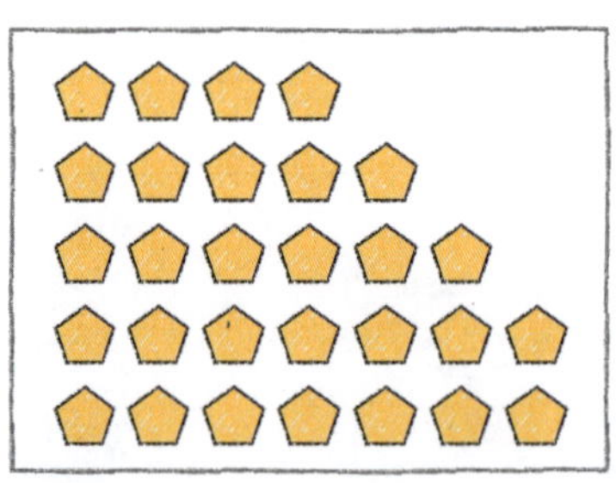

e)
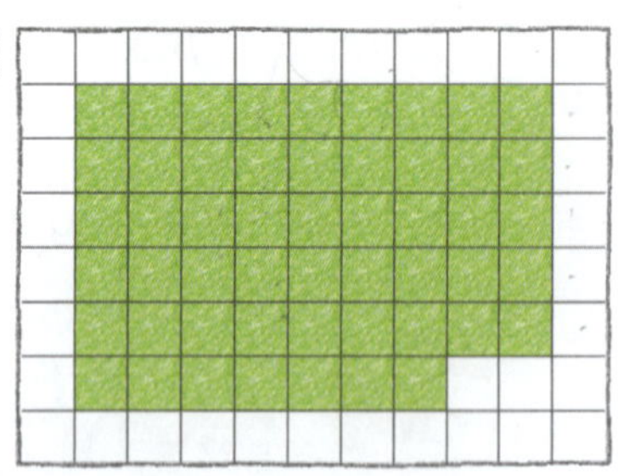

4 Umrande Kästchen in der vorgegebenen Anzahl.

a)	b)	c)	d)
7	60	55	37
23	29	70	65
40	90	35	43

S. 8 Nr. 4
a) 7

5 Stellt eure Ergebnisse aus Aufgabe 4 vor.

1 Gegenstände der Kinder zählen und über den Vorteil der Zehnerbündelung sprechen
5 Über unterschiedliche Vorgehensweisen bei Aufgabe 4 sprechen

1 Was gehört zusammen? Schreibe geordnet auf.

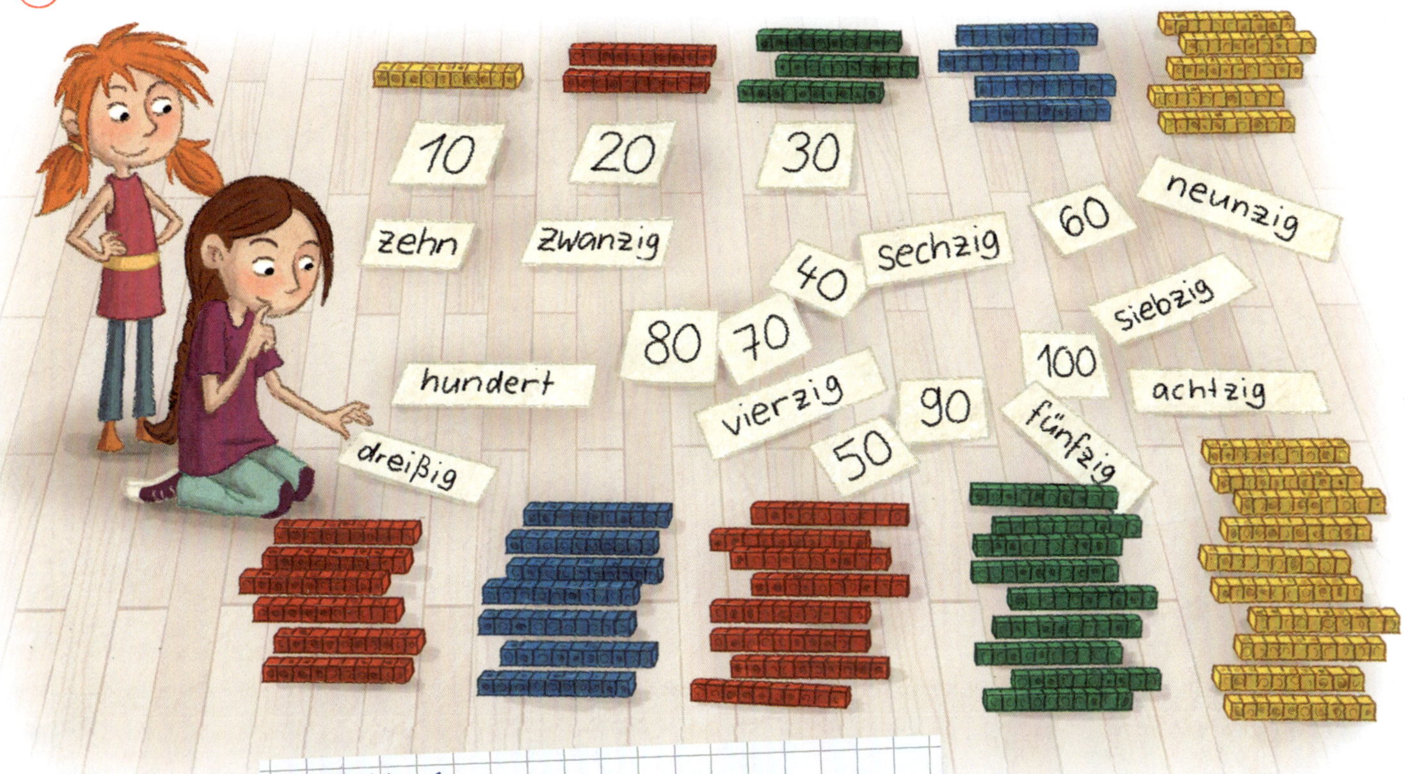

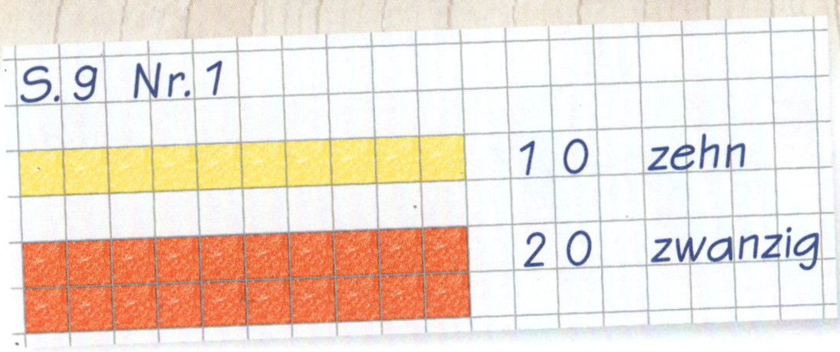

2 Ordne die Zahlen der Größe nach. Beginne mit der kleinsten Zahl.
Verwende <.

60 30 10 90 50 80 100 40 20 70

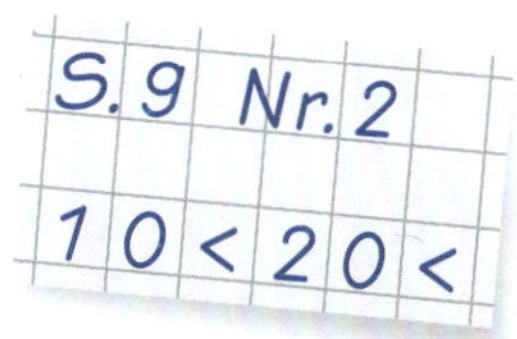

3 >, < oder = ?

a) 60 ● 70
20 ● 10
50 ● 50
30 ● 80

b) 90 ● 80
80 ● 30
10 ● 100
20 ● 40

4 Setze passende Zehnerzahlen ein.

a) 30 > 20 > ■
90 > ■ > ■
■ > 50 > ■
■ > 70 > ■

b) 10 < ■ < ■
50 < ■ < ■
■ < 80 < ■
■ < 40 < ■

5 Lies deinem Partner ein Zahlenpaar vor. Beginne immer mit der Zahl im roten Feld. Sprich deutlich. Dein Partner soll auf dieses Paar zeigen. Wechselt euch ab.

13	90	15	14	70	80	17	50	19	30	20	18	60	40	16
30	19	50	40	17	18	70	15	90	13	12	80	16	14	60

1 Über die unterschiedlichen Zahldarstellungen sprechen und diese einander zuordnen; Zahldarstellungen bis 100 fortsetzen

1 2 3 4 5 6 7 8 9 10 11 12 13 14 15 16 17 18 19 20 21 22 23 24 25

1

2 Stelle die Zahlen mit Steckwürfeln dar. Schreibe auf drei verschiedene Arten.

a) 26 54 55

b) 73 40 89

c) 90 99 31

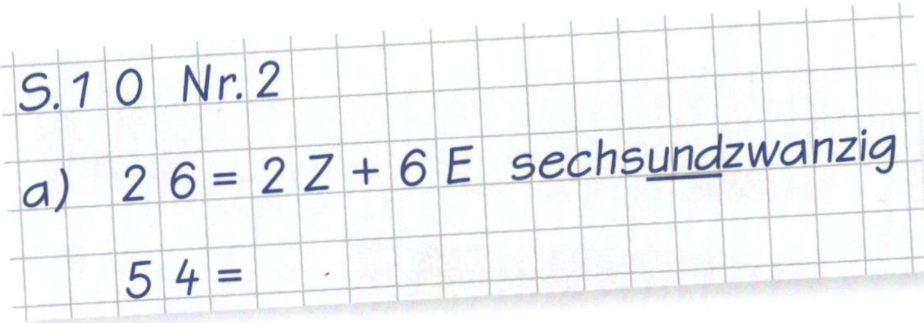

3 Zeichne Punkte in der vorgegebenen Anzahl.

einunddreißig

achtzig

fünfundsechzig

vierzehn

vierundzwanzig

sechsundfünfzig

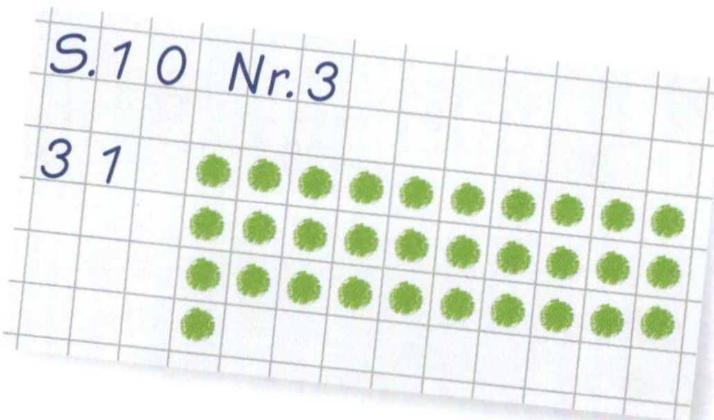

4 Lies eine Zahl vor. Dein Partner zeigt sie auf dem Zahlenband. Wechselt euch ab.

achtundvierzig sechsundsechzig neunzig achtundneunzig

5 Suche dir eine Zahl auf dem Zahlenband aus und lies sie vor. Dein Partner zeigt sie auf dem Zahlenband. Wechselt euch ab.

26 27 28 29 30 31 32 33 34 35 36 37 38 39 40 41 42 43 44 45 46 47 48 49 50 51 52 53 54 55 56 57 58 59 60

85 84 83 82 81 80 79 78 77 76 75 74 73 72 71 70 69 68 67 66 65 64 63 62 61

100 99 98 97 96 95 94 93 92 91 90 89 88 87 86

1 Wie viele sind es? Schätze erst. Versuche dann zu zählen.

a)

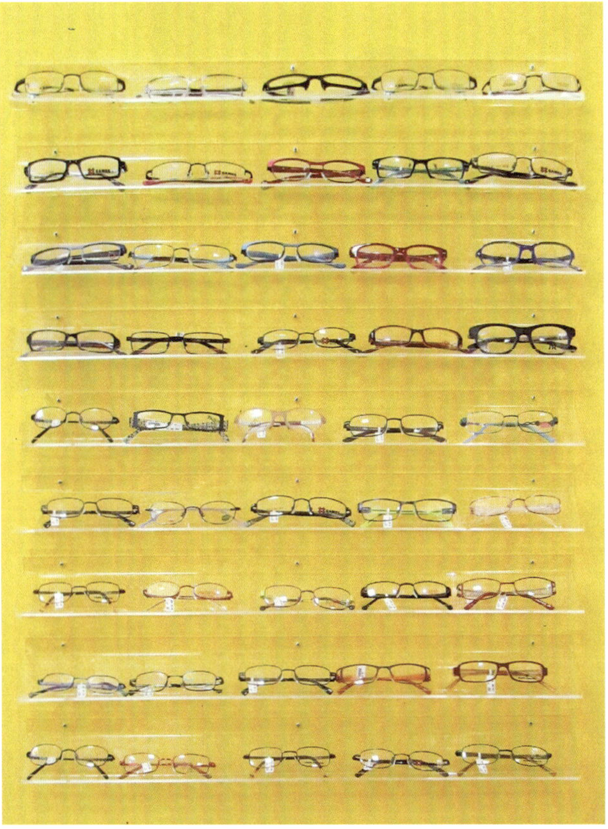

b)

2 Wie viele sind es? Zähle zuerst 10 Stück. Schätze dann.

a)

b)

c)

d)

1 Klären, was gezählt werden kann; über große Anzahlen und Zählstrategien sprechen
2 Über geschicktes Schätzen sprechen; zur Kontrolle abzählen

1

2 Stelle eine Zahl im Hunderterfeld dar. Dein Partner benennt die Zahl. Wechselt euch ab.

3 Nenne eine Zahl. Dein Partner stellt sie im Hunderterfeld dar. Wechselt euch ab.

4 Wie viele Zehner und Einer benötigst du, um die Zahlen im Hunderterfeld darstellen zu können?

a) 38 **b)** 83 **c)** 7 **d)** 19 **e)** 55 **f)** 64 **g)** 100

S.12 Nr.4
a) 38 = 3Z + 8E

5 Schreibe die dargestellten Zahlen in dein Heft.

a)
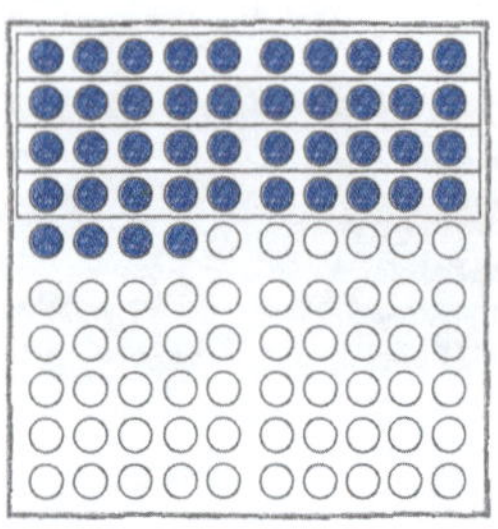

b)
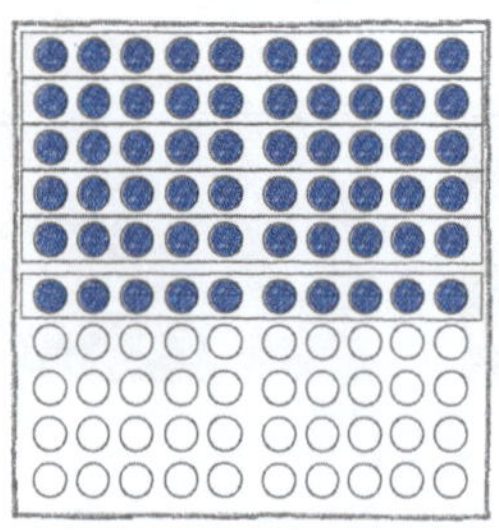

c)
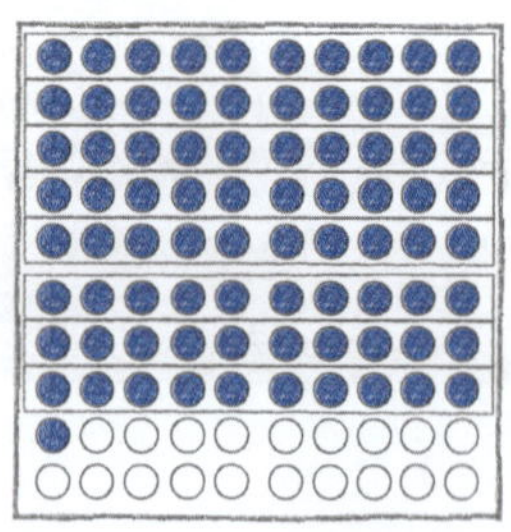

d)
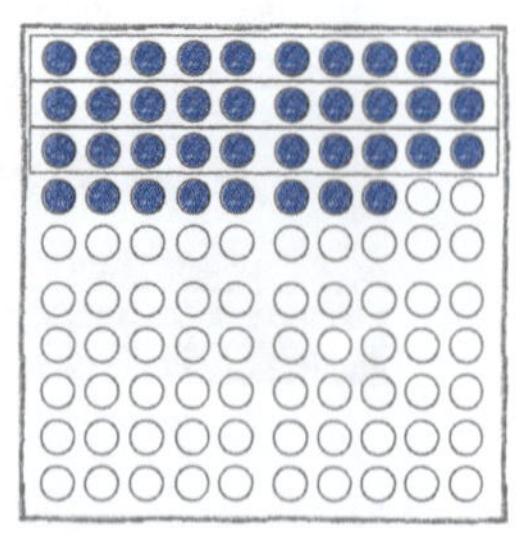

6 Stelle die Zahlen in deinem Hunderterfeld dar. Zeichne sie dann wie im Beispiel in dein Heft.

a) 37 22 41

b) 73 80 55

c) 78 69 13

d) 44 100 27

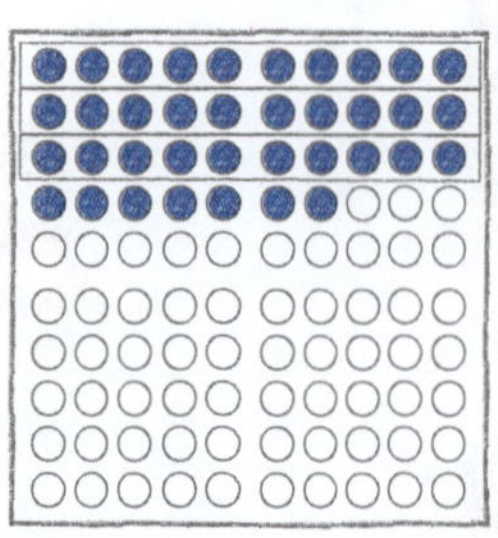

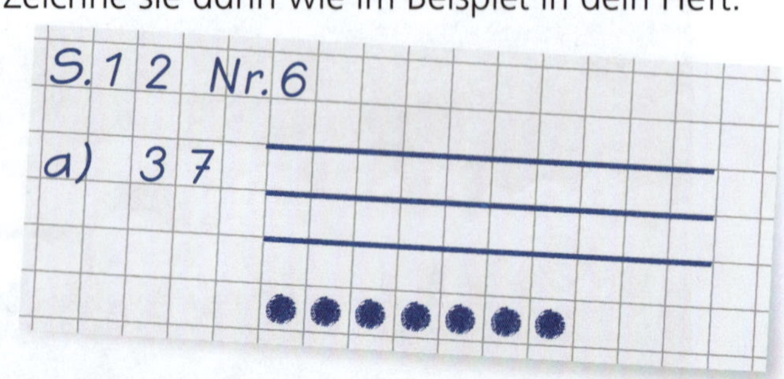

1 Hunderterfeld (Beilage 1) kennenlernen und Struktur erkennen
2–6 Hunderterfeld (Beilage 1) verwenden

1 Welche Zahlen gehören zu den Buchstaben? Kontrolliere mit deinem Zahlenstrahl.

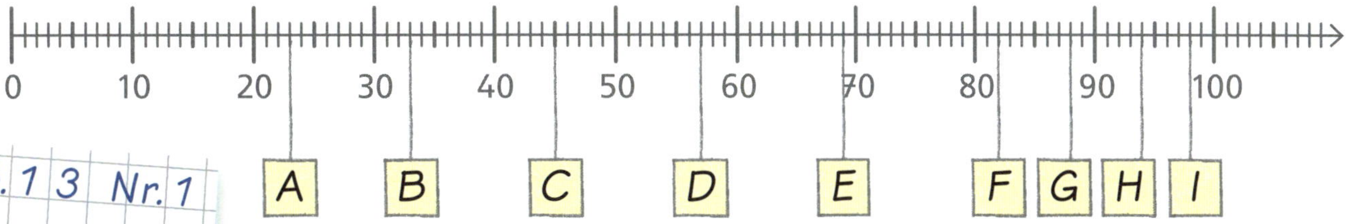

S. 1 3 Nr. 1
A: 2 3

2 Zeige die Zahlen am Zahlenstrahl. Ordne sie der Größe nach.
Beginne mit der kleinsten Zahl. Verwende <.

13 59 37 73 48 65 100 11 56 2

3 Setze die Zahlenfolgen fort.

a) 3, 4, 5, … 13
b) 13, 14, 15, … 23
c) 43, 44, 45, … 53
d) 64, 65, 66, … 74
e) 58, 59, 60, … 68
f) 86, 87, 88, … 96

4 Schreibe jede Zahl mit ihrem Vorgänger und Nachfolger auf.

a) 38, 30, 51
b) 77, 40, 35
c) 33, 73, 99
d) 76, 89, 23
e) 100, 104, 110

S. 1 3 Nr. 4
a) 3 7, 3 8, 3 9

5 Schreibe jede Zahl mit ihren Nachbarzehnern auf.

a) 34, 88, 45
b) 77, 23, 39
c) 20, 52, 61
d) 3, 90, 110

S. 1 3 Nr. 5
a) 3 0 < 3 4 < 4 0

6 Ordne die Buchstaben den richtigen Zahlen zu. Wie heißt der Lösungssatz?

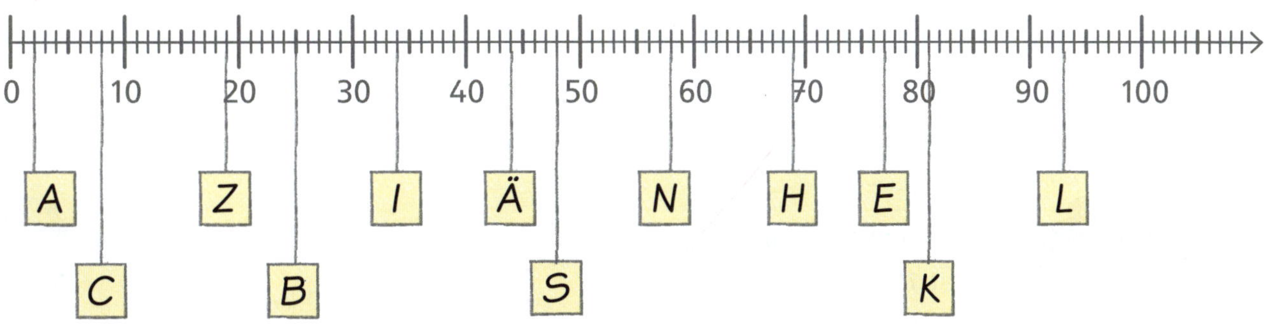

34 8 69 | 81 2 58 58 | 25 34 48 | 100 | 19 44 69 93 77 58 .

1 Vergleicht Gegenstände aus eurem Klassenzimmer miteinander.
Verwendet die Ausdrücke in den Sprechblasen.

... ist breiter als ...
... ist genauso lang wie ...
... ist länger als ...
... ist kleiner als ...
... ist kürzer als ...
... ist genauso groß wie ...
... ist größer als ...
... ist genauso breit wie ...

2

a) Ordne die Kinder der Größe nach. Beginne mit dem kleinsten Kind.
Schreibe die Namen geordnet in dein Heft.

b) Bearbeitet die Aufgabe, die an der Tafel steht.

3 Ordne die Stifte der Länge nach. Beginne mit dem längsten Stift. Verwende >.

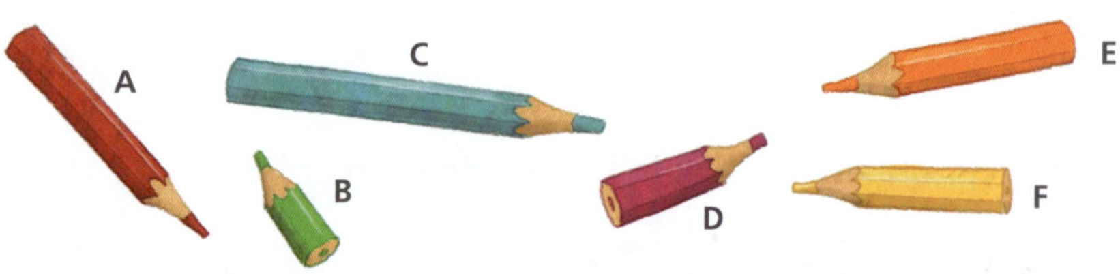

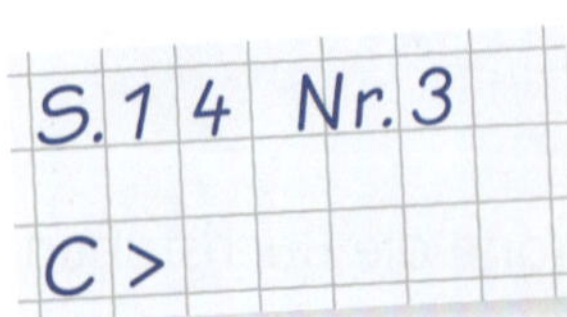

4 Vergleicht die Längen von Gegenständen aus dem Klassenzimmer mit Stiften, Steckwürfeln und anderen geeigneten Hilfsmitteln.

1 Gegenstände aus dem Klassenzimmer miteinander vergleichen; Sprechweisen des Längenvergleichs benutzen
4 Anbahnen, dass Längen nur mit einheitlichen Hilfsmitteln verglichen werden können

1 Unsere Körpermaße

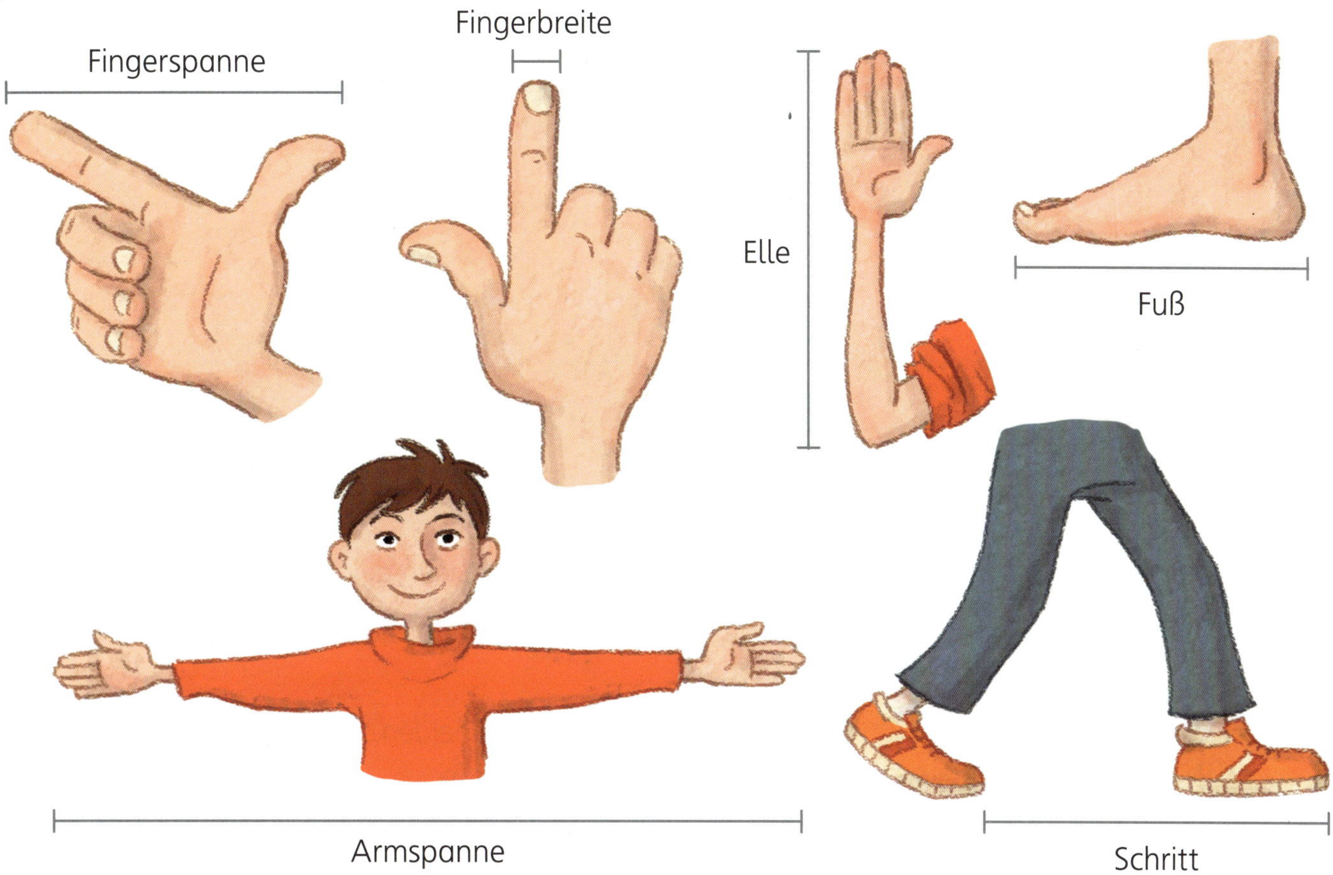

2 Findet Gegenstände im Klassenzimmer, die etwa so breit oder so lang sind wie:

a) deine Fingerbreite b) deine Fingerspanne c) deine Elle

d) dein Fuß e) deine Armspanne f) dein Schritt

S. 15 Nr. 2
a) Fingerbreite: Füller,

3 Miss die Länge verschiedener Gegenstände mit geeigneten Körpermaßen. Notiere deine Ergebnisse.

Klassenzimmer Regal Mathebuch Radiergummi Lineal Fensterbrett

S. 15 Nr. 3
Klassenzimmer: ____ Schritte
Regal:

4 Messt euren Schultisch mit verschiedenen Körpermaßen aus.

a) Notiert eure Ergebnisse.

b) Vergleicht eure Ergebnisse. Was fällt auf?

c) Welche Körpermaße haben sich gut zum Ausmessen geeignet, welche nicht? Begründet.

S. 15 Nr. 4
a) Tisch: ____ Fingerspannen

1 Über die unterschiedlichen Körpermaße sprechen
4 Über die Notwendigkeit von genormten Einheitsmaßen sprechen

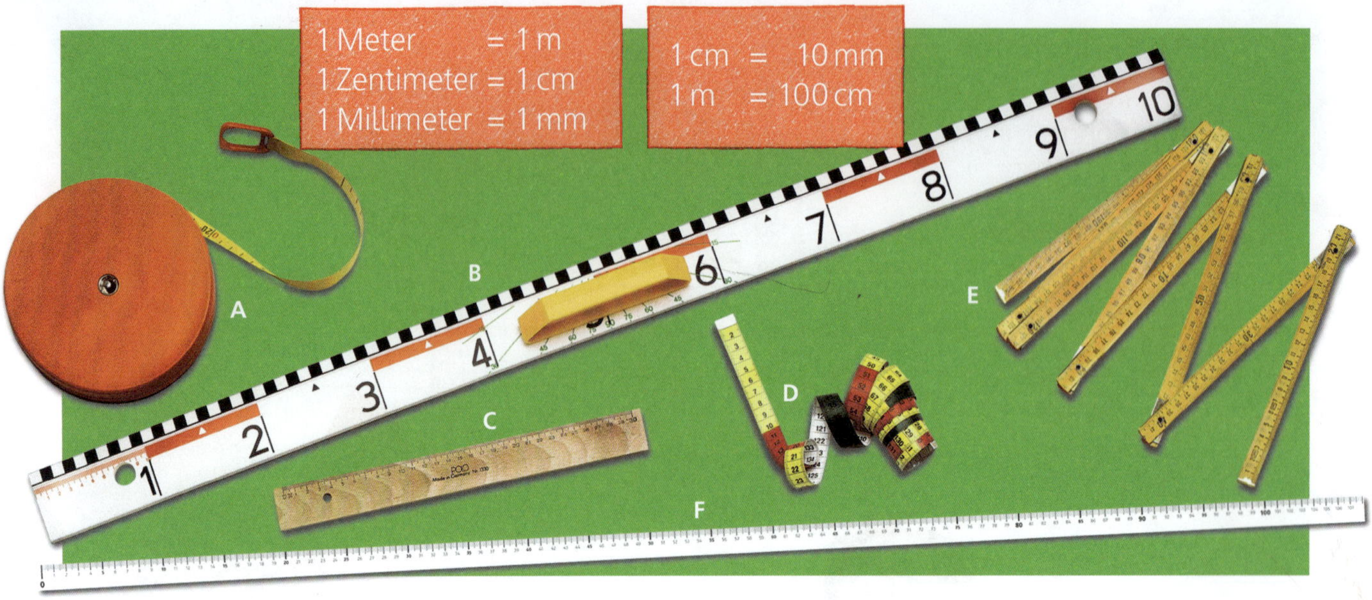

1 a) Ordne den Messgeräten **A** bis **F** ihre Namen zu. Schreibe sie in dein Heft.

Namen der Messgeräte: Tafellineal, Lineal, Bandmaß, Metermaß, Gliedermessstab (Zollstock), Maßband.

S.16 Nr.1
A: Bandmaß

b) Vergleicht die Messgeräte. Was ist gleich, worin unterscheiden sie sich? Warum gibt es so viele verschiedene Messgeräte?

2 Miss die Länge der Gegenstände mit dem Lineal.

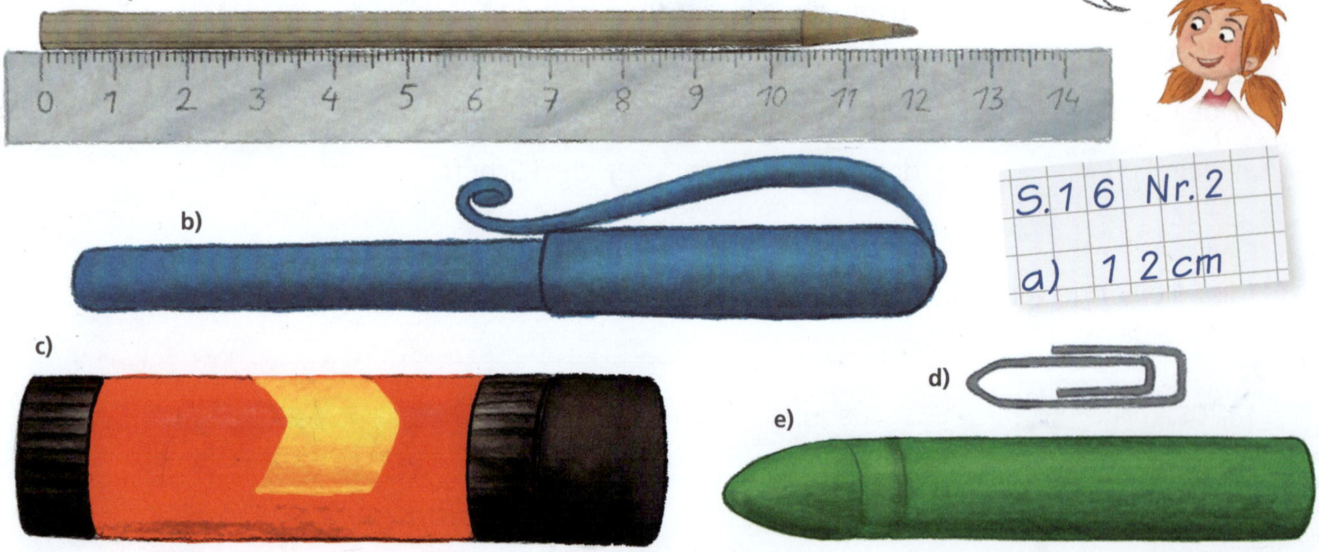

S.16 Nr.2
a) 12 cm

3 Miss die Länge jeder Strecke.

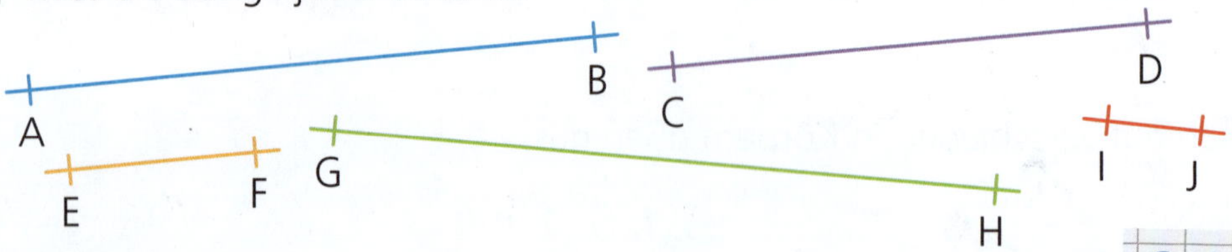

S.16 Nr.3
$\overline{AB}$ = 6 cm

4 Zeichne die Strecken in dein Heft.

a) $\overline{AB}$ = 2 cm b) $\overline{CD}$ = 8 cm c) $\overline{EF}$ = 10 cm

d) $\overline{GH}$ = 1 cm e) $\overline{IJ}$ = 11 cm f) $\overline{KL}$ = 7 cm

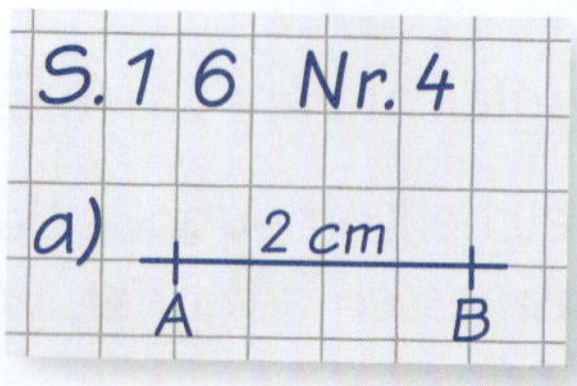

1 Messgeräte kennenlernen und über ihre Einsatzmöglichkeiten sprechen
2 Anlegen und Ablesen des Lineals besprechen und üben

Körpermaße, die beim Schätzen von Längen helfen:

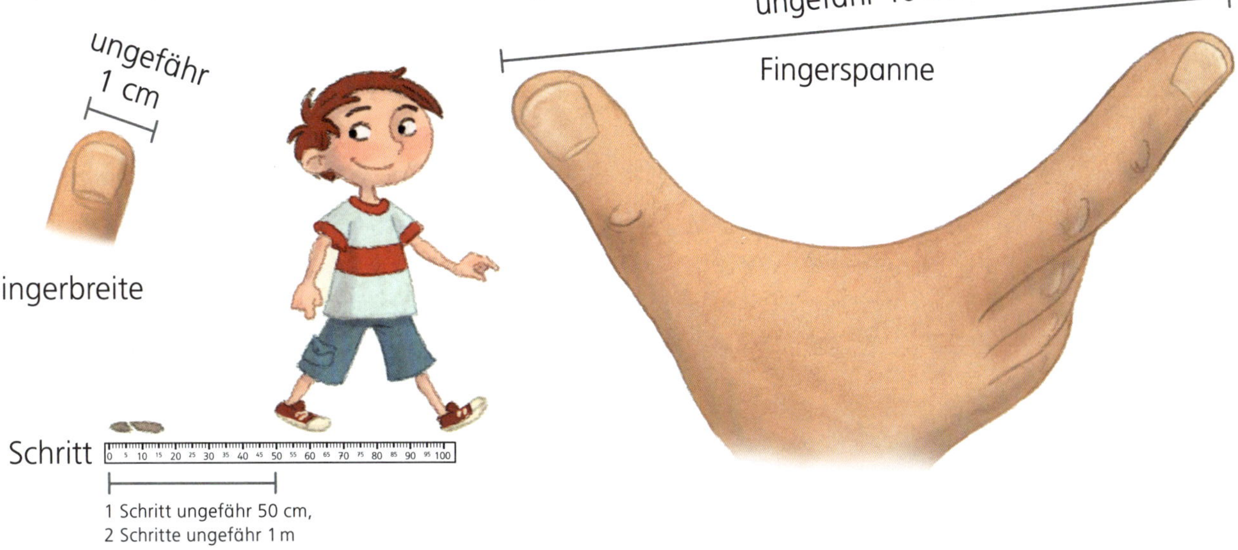

1 Miss die Längen der folgenden Gegenstände mit der Fingerbreite, Fingerspanne oder der Schrittlänge. Miss dann mit dem Lineal oder dem Metermaß. Vergleiche deine Ergebnisse.

Länge des Spitzers | Länge der Tafel | Länge des Matheheftes | Höhe des Stuhls

S. 17 Nr. 1

	gemessen mit Körpermaßen	gemessen mit Lineal/Metermaß
Spitzer	____ Fingerbreite	____ cm

2 Schätzt die Längen der folgenden Gegenstände. Dann messt nach.

Breite der Tür

Länge des Mathebuches

Breite der Schultasche

Länge des Fensterbrettes

Breite des Schwammes

S. 17 Nr. 2

	geschätzt	gemessen
Tür		____ m ____ cm
Mathebuch		

3 Wie groß sind die Gegenstände in Wirklichkeit? Setze m oder cm ein.

a) 

30 ■

b) 
2 ■

c) 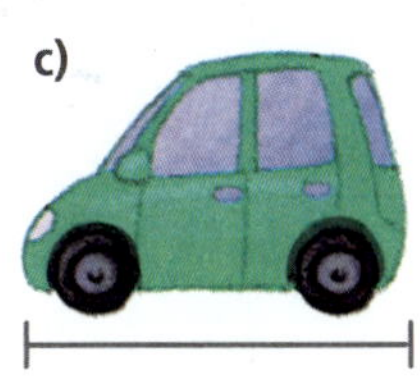
4 ■

d) 
8 ■

e) 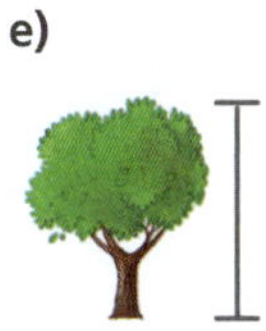
10 ■

S. 17 Nr. 3
a) 30 cm

1 >, < oder = ?

a) 30 ● 60
80 ● 80
70 ● 90
40 ● 50

b) 10 ● 20
30 ● 10
70 ● 80
90 ● 40

2 Setze passende Zehnerzahlen ein.

a) 50 > 40 > ■
■ > 60 > ■
80 > ■ > ■
■ > ■ > 60

b) 20 < 60 < ■
■ < ■ < 70
■ < 30 < ■
20 < ■ < ■

3 Schreibe auf drei verschiedene Arten.

a) 34 28 66

b) 70 59 14

S. 18 Nr. 3
a) 34 = 3 Z + 4 E vierunddreißig

4 Ordne die Zahlen der Größe nach. Beginne mit der größten Zahl. Verwende >.

47 16 63 36 78 53 23 79 86 91

5 Schreibe jede Zahl mit ihrem Vorgänger und Nachfolger auf.

a) 41
66
80

b) 79
18
53

c) 86
91
32

6 Schreibe jede Zahl mit ihren Nachbarzehnern auf.

a) 54
83
69

b) 38
57
26

c) 42
98
74

7 Ordne die Nägel der Länge nach ohne zu messen.
Beginne mit dem längsten Nagel. Verwende >.

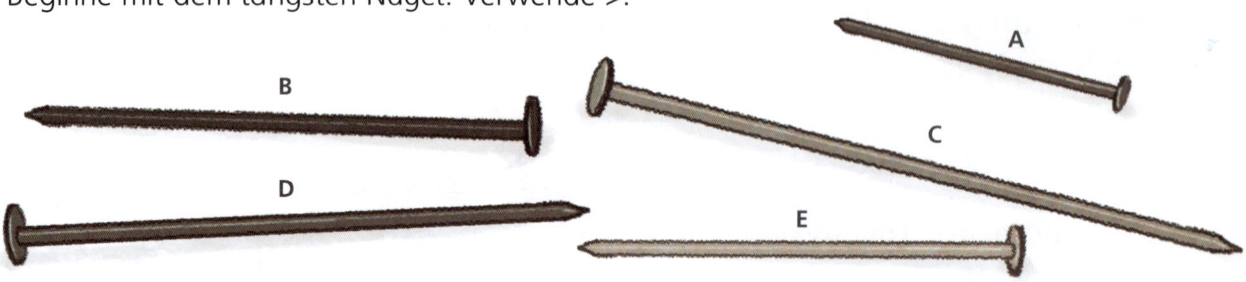

8 Miss die Länge jeder Strecke.

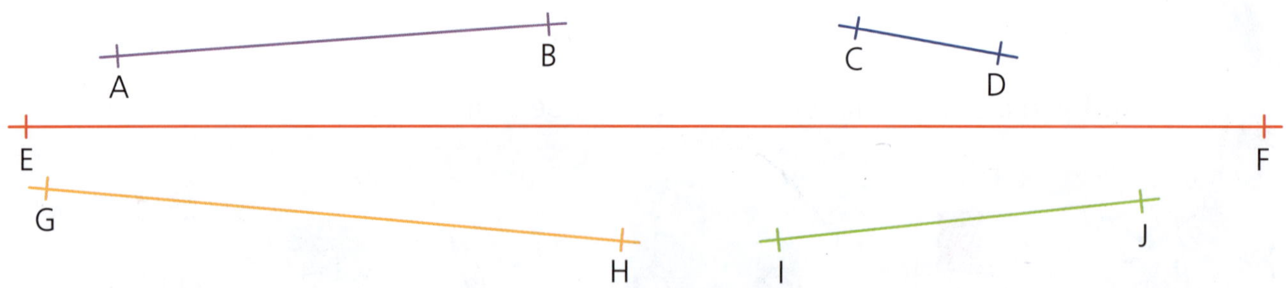

9 Zeichne die Strecken in dein Heft.

a) $\overline{AB}$ = 3 cm b) $\overline{CD}$ = 12 cm c) $\overline{EF}$ = 9 cm d) $\overline{GH}$ = 4 cm e) $\overline{IJ}$ = 15 cm

Aufgaben zur Selbsteinschätzung als Kopiervorlage im Handbuch

1 Wie viele Plättchen sind es?

a) 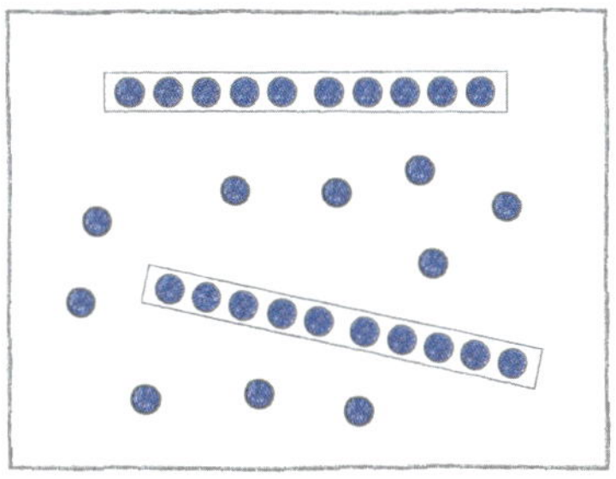

b) 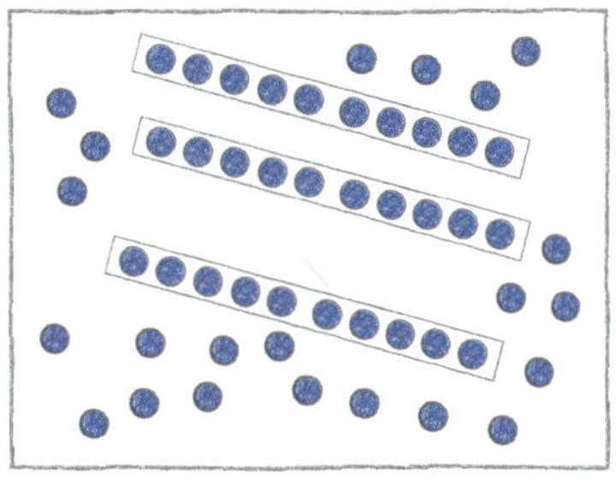

c) 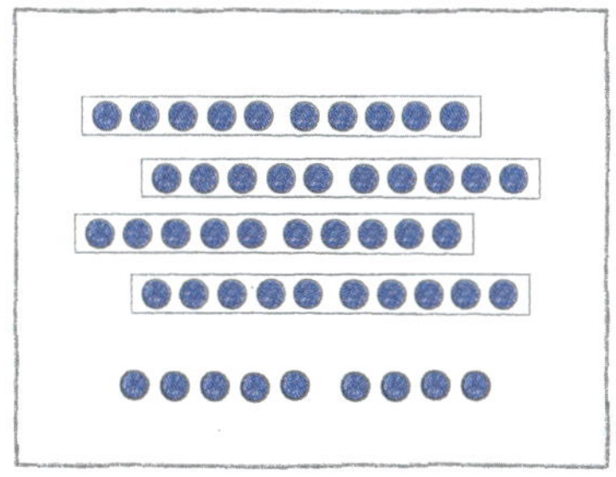

2 Setzt die Wörter und Silben auf den Kärtchen zu größeren Zahlwörtern zusammen.
Ihr könnt die Kärtchen auch mehrmals verwenden.

elf | zwei | und | achtzig | neun | ein
zehn | sechs | vier | hundert | zig | fünfzig

3 Setze passende Zahlen ein.

a) 38 > ■ > ■ > 31
■ > 45 > ■ > 40
■ > ■ > 11 > ■

b) 55 < ■ < ■ < ■
■ < ■ < ■ < 55
■ < 55 < ■ < ■

c) 100 > ■ > ■ > 1
88 < ■ < ■ < 92
■ = 14 = ■ = ■

4 Ordne die Kinder der Größe nach. Beginne mit dem größten Kind.
Schreibe die Namen geordnet in dein Heft.

5 Setze die Zahlenfolgen fort.

a) 11, 22, 33, … 99

b) 13, 24, 35, … 101

c) 27, 28, 30, 33, … 72

d) Denke dir selbst eine Zahlenfolge aus und schreibe deinem Partner die ersten drei Zahlen auf.
Dein Partner soll die Zahlenfolge fortsetzen.

6 Setze die richtigen Ziffern ein. Gleiches Zeichen bedeutet gleiche Ziffer.

a) ▽▽ − ▽ = ▽◇
▽ − ▽ = ◇
▽◇ − ▽ = 9

b) ★ + ★ = ☾♥
☾♥ + ★ = ☾★
☾★ + ★ = 20

c) ⬟ + ⬢ = 10
⬟ − ⬢ = 4
⬟ + ⬟ = ⯃▯

1 Zerlegt die Zahlen am Hunderterfeld. Schreibt die Zerlegungen auf.

a) 80
30 + 50
60 + ■
■ + ■

S. 20 Nr. 1
a) 80
30 + 50
60 +

b) 50
■ + ■
■ + ■
■ + ■

c) 30

d) 100

e) 60

f) 40

g) 110

2

a) 40
10 + ■
20 + ■
■ + 30

b) 90
40 + ■
■ + 30
10 + ■

c) 70
0 + ■
■ + 10
40 + ■

d) 60
10 + ■
■ + 30
40 + ■

3

a) 80
■ + ■ + ■
■ + ■ + ■
■ + ■ + ■

b) 60

c) 90

d) 120

4

100
■ + 10 + ■ + ■
■ + 20 + 20 + ■
■ + 50 + ■ + 10

1 Mindestens 3 Zerlegungen mit Material am Hunderterfeld (Beilagen 1 und 2) finden

30 = 19 + ■

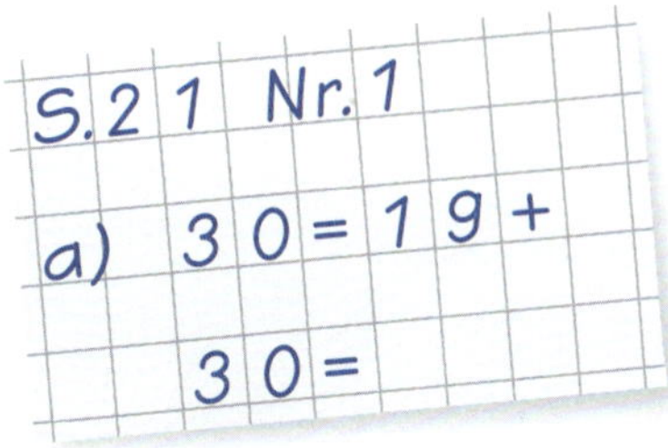

1 a) Werft 3-mal hintereinander 30 Plättchen. Zählt nach jedem Wurf die roten und die blauen Plättchen. Schreibt die Zerlegung auf.

b) Werft auch 36 Plättchen.

2 Finde zu jeder Zahl drei verschiedene Zerlegungen.

a) b) c) d) e)

f) Finde auch zu anderen Zahlen jeweils drei verschiedene Zerlegungen.

3 a)

26 = ■ + ■

b)

22 = ■ + ■

c)

40 = ■ + ■

4 a)

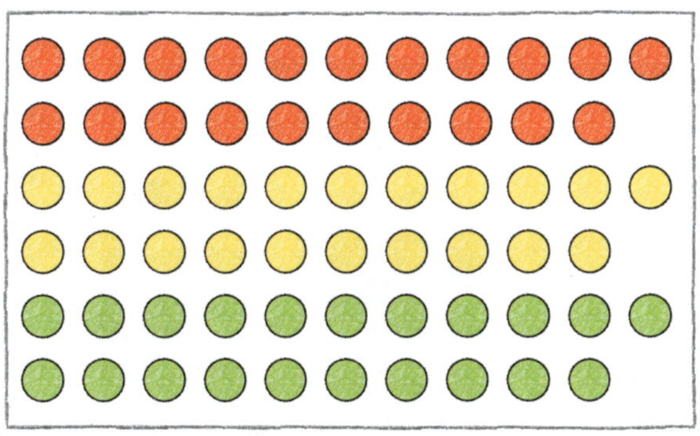

63 = ■ + ■ + ■

b)

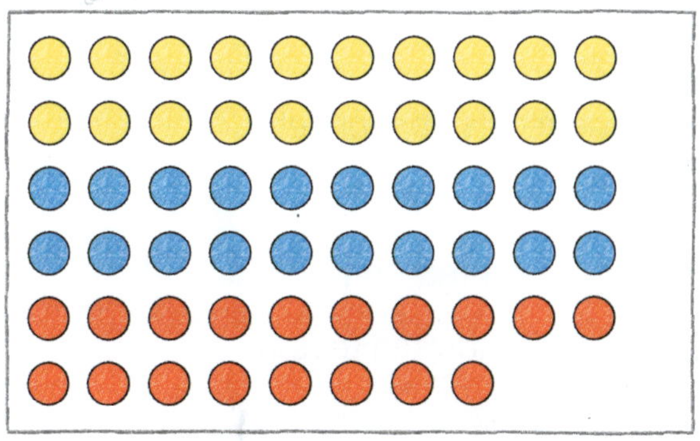

58 = ■ + ■ + ■

1

2 Wie heißen die Formen, die auf dem Geo-Brett gespannt wurden?

a) 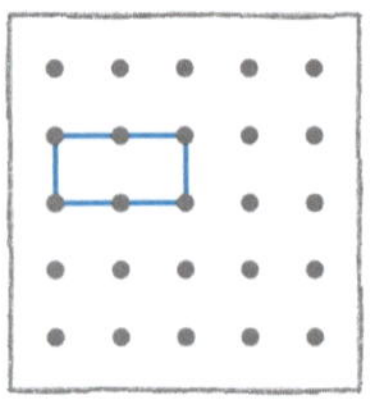
b) 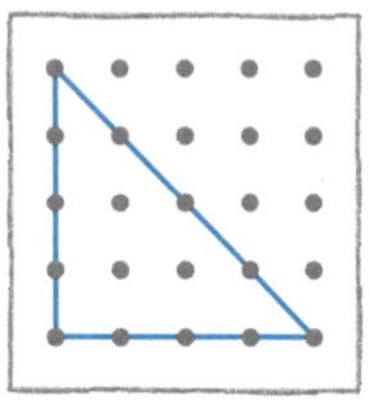
c) 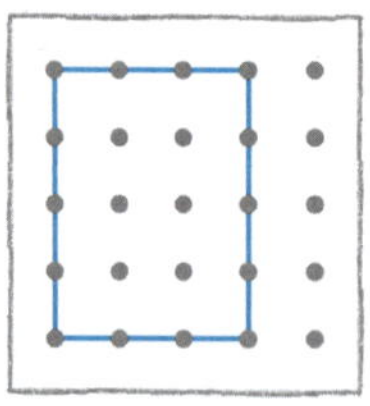
d) 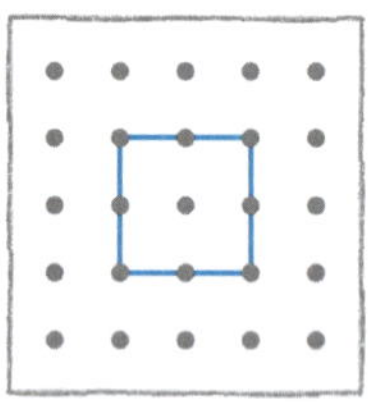
e) 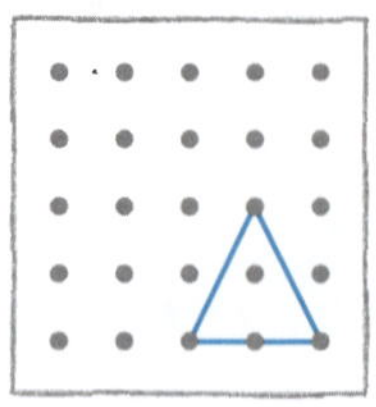

3 Spanne folgende Figuren auf deinem Geo-Brett und zeichne sie in dein Heft.

a) 4 verschiedene Quadrate

b) 4 verschiedene Rechtecke

c) 4 verschiedene Dreiecke

4 Ist es möglich, einen Kreis auf dem Geo-Brett zu spannen? Begründet.

5 Faltet und zerschneidet jeder ein quadratisches Blatt wie rechts abgebildet.

Welche Formen könnt ihr aus

a) 2 Rechtecken legen?

b) 2 Quadraten legen?

c) 4 Dreiecken legen?

1 Über die Merkmale der verschiedenen Formen sprechen, dabei Fachbegriffe verwenden

1

2 Schneide Faltbilder aus, klebe sie auf und zeichne die Symmetrieachse ein.

3 Welche Bilder haben eine Symmetrieachse? Zeige mit der Schnur.
Dein Partner kontrolliert mit dem Spiegel.

A B C D E F G

S. 2 3 Nr. 3

Mit Symmetrieachse: A,

4 Welche Figuren haben eine Symmetrieachse? Welche haben mehrere?
Kontrolliert mit dem Spiegel.

a) 

b) 

c) 

d) 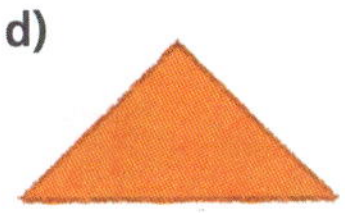

S. 2 3 Nr. 4

a) 2 Symmetrieachsen

1

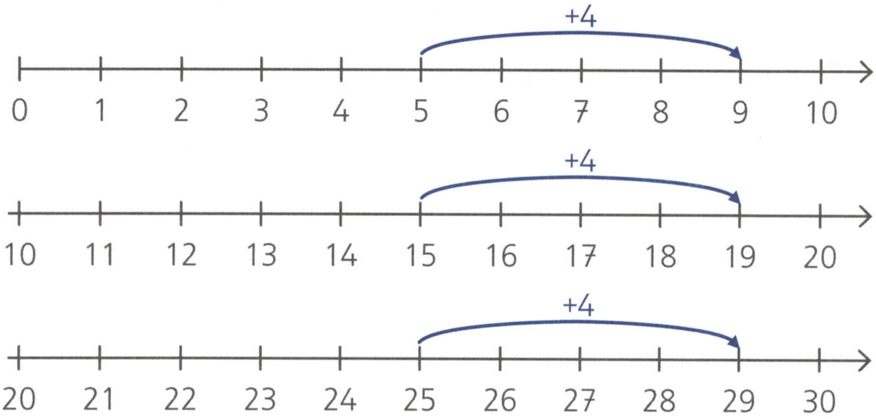

5 + 4 = ■
15 + 4 = ■
25 + 4 = ■

2 Setze fort.

a)
2 + 7 = ■
12 + 7 = ■
22 + 7 = ■

b)
4 + 3 = ■
14 + 3 = ■
24 + 3 = ■

c)
1 + 5 = ■
11 + 5 = ■
21 + 5 = ■

d)
6 + 2 = ■
16 + 2 = ■
26 + 2 = ■

3 Denke an die kleine Aufgabe.

a) 23 + 6 = ■
75 + 3 = ■
61 + 7 = ■

b) 31 + 6 = ■
97 + 2 = ■
55 + 4 = ■

c) 82 + 5 = ■
51 + 4 = ■
16 + 3 = ■

d) 34 + 5 = ■
46 + 3 = ■
66 + 2 = ■

4

a)
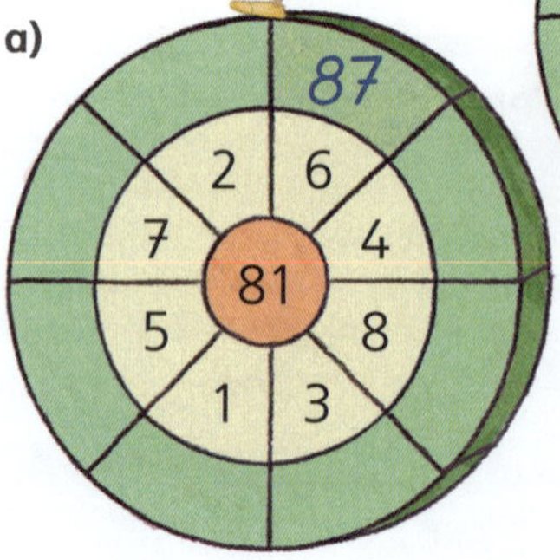

b)
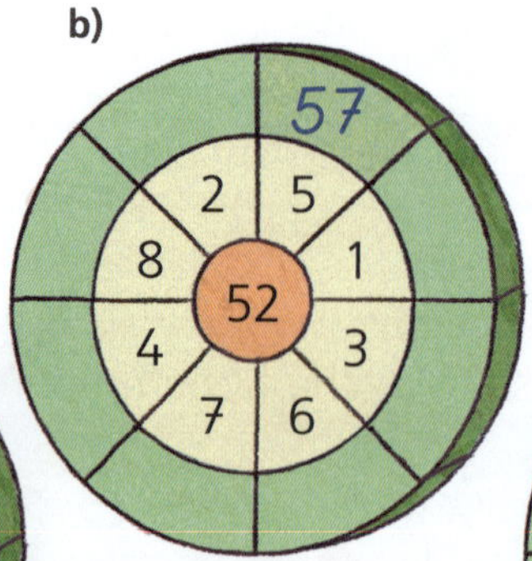

c)
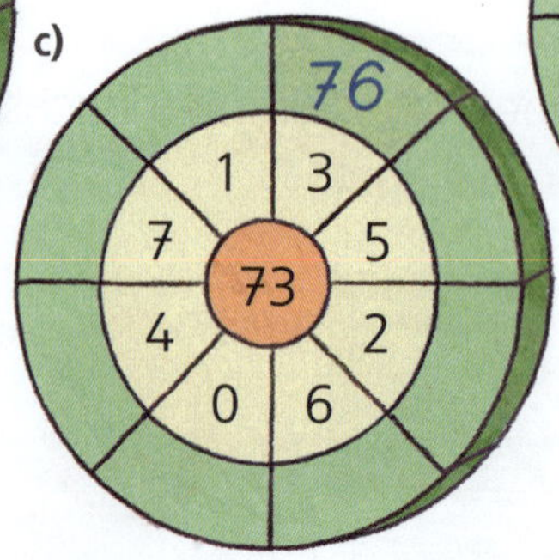

d)
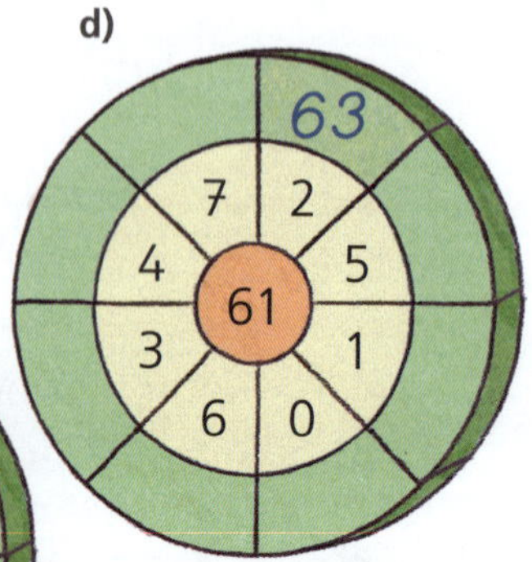

1 Analogien bei der Addition an verschiedenen Darstellungen erkennen und verstehen
2 Regelmäßige Päckchen: Gesetzmäßigkeiten erkennen und Aufgabenserie um mindestens zwei weitere Aufgaben ergänzen

1

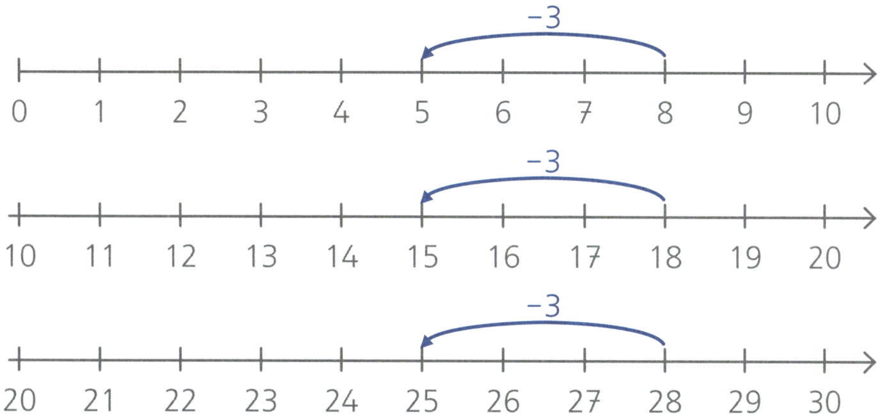

8 – 3 = ■
18 – 3 = ■
28 – 3 = ■

2 Setze fort.

a)
6 – 2 = ■
16 – 2 = ■
26 – 2 = ■

b)
9 – 5 = ■
19 – 5 = ■
29 – 5 = ■

c)
7 – 3 = ■
17 – 3 = ■
27 – 3 = ■

d)
8 – 4 = ■
18 – 4 = ■
28 – 4 = ■

3 Denke an die kleine Aufgabe.

a) 38 – 4 = ■
85 – 2 = ■
79 – 7 = ■

b) 28 – 6 = ■
44 – 2 = ■
66 – 4 = ■

c) 27 – 3 = ■
69 – 5 = ■
59 – 8 = ■

d) 57 – 5 = ■
39 – 9 = ■
88 – 7 = ■

4 Finde die 5 Fehler. Schreibe die falschen Aufgaben richtig in dein Heft.

a) 39 – 3 = 36
74 – 2 = 76
27 – 6 = 21
58 – 2 = 60
63 – 3 = 60
98 – 4 = 95

b) 16 – 4 = 12
45 – 2 = 44
67 – 3 = 64
79 – 8 = 71
34 – 1 = 33
28 – 3 = 81

5

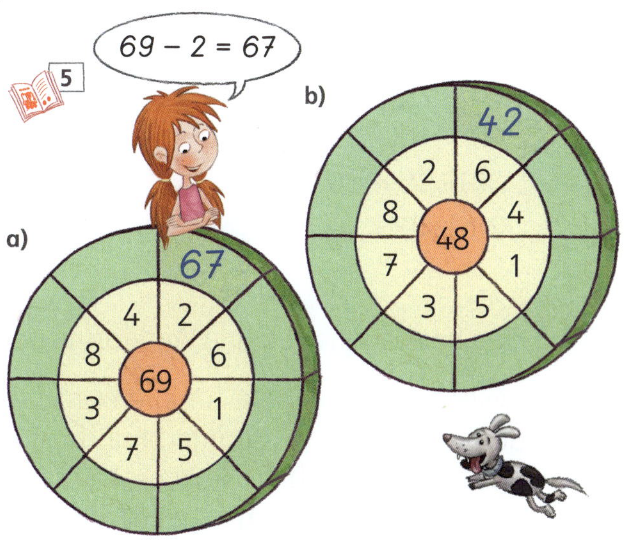

1 Analogien bei der Subtraktion an verschiedenen Darstellungen erkennen und verstehen
2 Regelmäßige Päckchen: Gesetzmäßigkeiten erkennen und Aufgabenserie um mindestens zwei weitere Aufgaben ergänzen

1

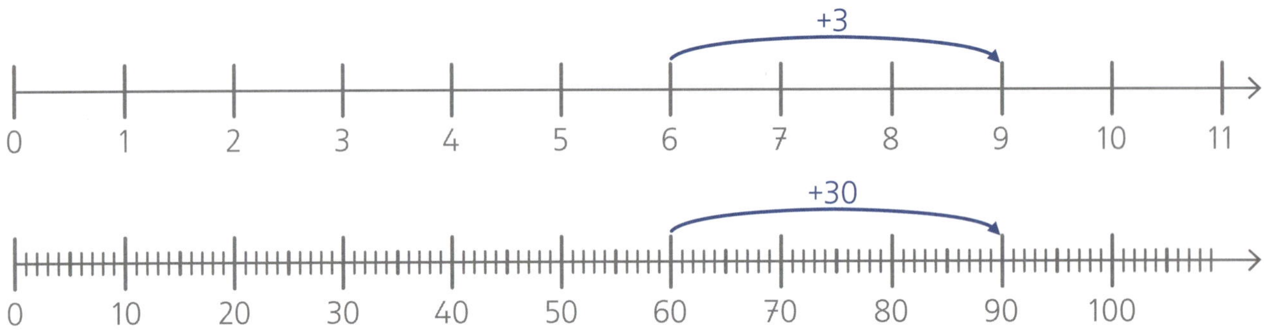

2 Wie heißen die Plusaufgaben?

a) 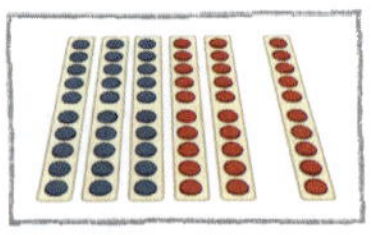

b) 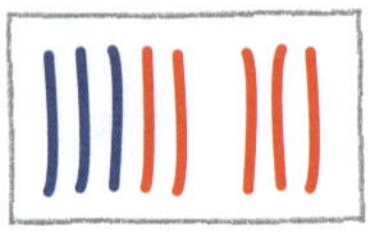

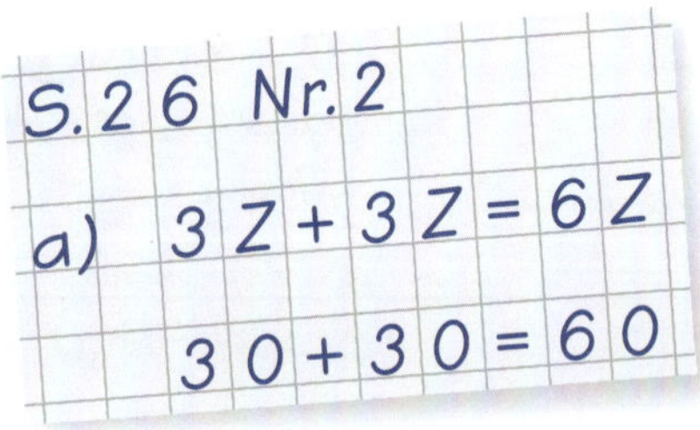

c) 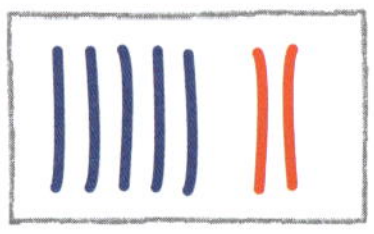

d) 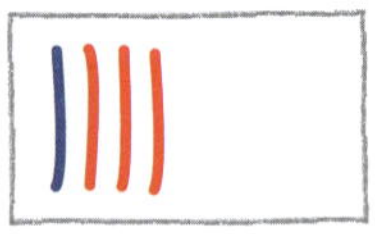

e) 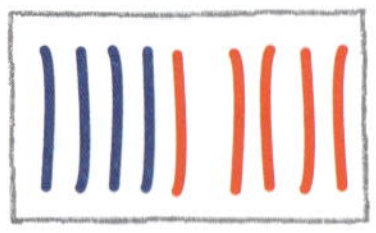

f) 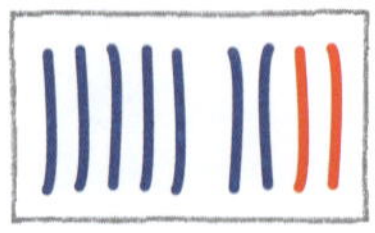

3 a) 40 + 30 = ■
40 + 10 = ■
30 + 70 = ■
70 + 10 = ■

b) 30 + 50 = ■
40 + 60 = ■
30 + 40 = ■
20 + 30 = ■

c) 50 + 40 = ■
20 + 50 = ■
10 + 70 = ■
30 + 30 = ■

d) 60 + 50 = ■
70 + 80 = ■
90 + 30 = ■
40 + 80 = ■

4 a) 30 + 20 + 10 = ■
40 + 10 + 50 = ■
30 + 30 + 30 = ■
20 + 40 + 10 = ■

b) 60 + 20 + 10 = ■
40 + 10 + 30 = ■
10 + 20 + 70 = ■
50 + 10 + 10 = ■

c) 20 + 30 + 20 = ■
50 + 20 + 10 = ■
40 + 20 + 40 = ■
30 + 40 + 20 = ■

5 Schreibe Lösungsweg und Antwort in dein Heft.

Familie Müller benötigt für ihren Umzug viele Umzugskartons. Herr Müller kauft 20 Kartons im Baumarkt und Frau Müller besorgt noch 30 Kartons von Freunden. Im Keller sind noch 20 Kartons.
Wie viele Umzugskartons haben sie?

1 Analogien bei der Addition von Zehnerzahlen erkennen und verstehen

1

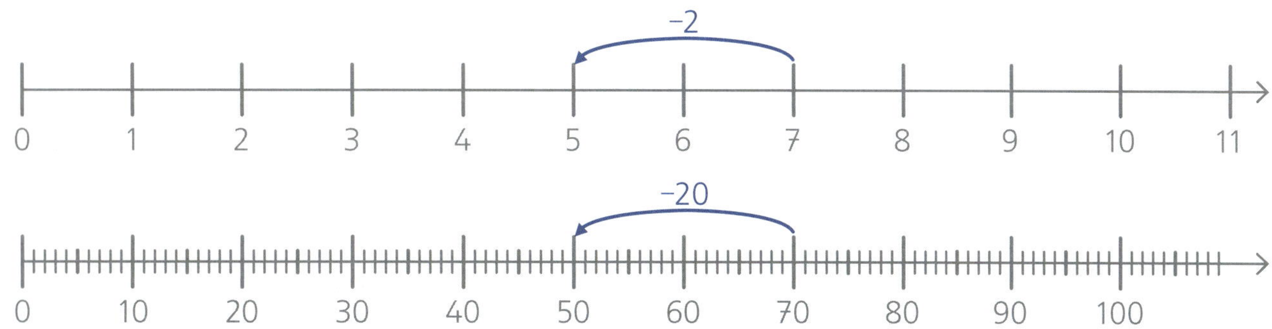

2 Wie heißen die Minusaufgaben?

a) 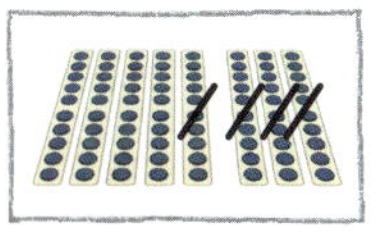

b) 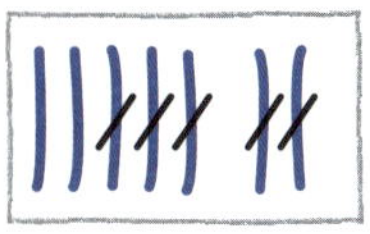

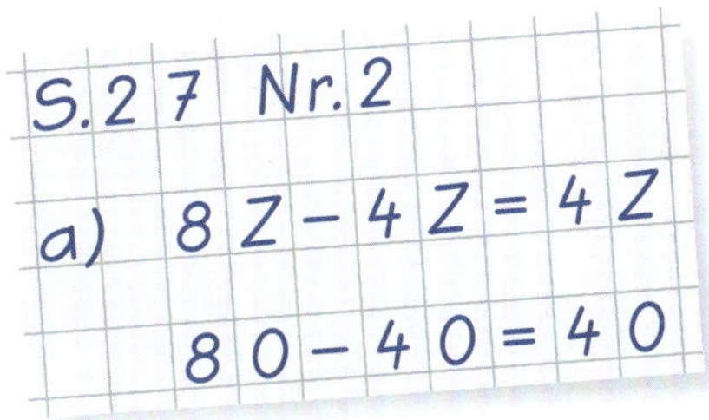

c) 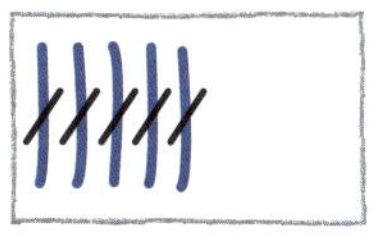

d) 

e) 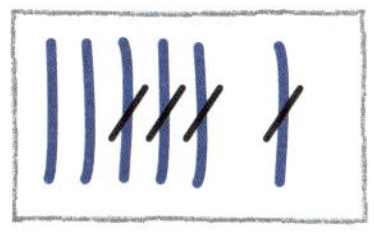

f) 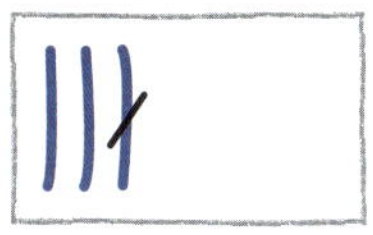

3

a)	b)	c)	d)
50 – 30 = ■	70 – 40 = ■	90 – 70 = ■	120 – 70 = ■
80 – 20 = ■	60 – 50 = ■	60 – 60 = ■	150 – 90 = ■
90 – 10 = ■	40 – 10 = ■	90 – 80 = ■	110 – 30 = ■
70 – 50 = ■	80 – 40 = ■	50 – 20 = ■	130 – 60 = ■

4

a)	b)	c)
80 – 20 – 50 = ■	70 – 20 – 20 = ■	80 – 10 – 20 = ■
90 – 40 – 20 = ■	90 – 30 – 60 = ■	60 – 20 – 30 = ■
100 – 30 – 10 = ■	100 – 50 – 20 = ■	90 – 50 – 20 = ■
70 – 10 – 10 = ■	80 – 40 – 30 = ■	60 – 20 – 20 = ■

5 Schreibe Lösungsweg und Antwort in dein Heft.

Familie Müller hat für ihren Umzug 70 Kartons gepackt.
In der neuen Wohnung packen sie am ersten Tag 30 Kartons aus und am zweiten Tag 20 Kartons.
Wie viele Kartons müssen sie noch auspacken?

1 Analogien bei der Subtraktion von Zehnerzahlen erkennen und verstehen

1

2 Wie viel Cent sind es?

a)

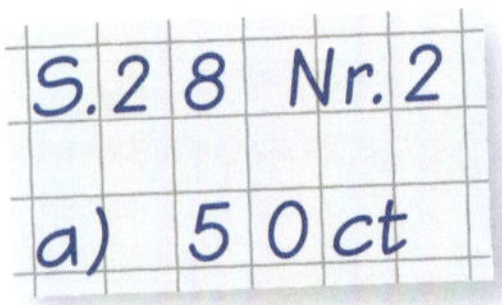

b)

c)

3 Wie viel Euro sind es?

a)

b)

c)

d)

4 Lege mit möglichst wenigen Scheinen und Münzen. Zeichne.

a) 36 €
52 €
99 €

b) 78 €
25 €
44 €

c) 61 €
83 €
70 €

5 Wechsle die Münzen.

a)

	5 ct	10 ct	20 ct	50 ct
50 ct	–	3	1	–
50 ct				
50 ct				
50 ct				

b)

	5 ct	10 ct	20 ct	50 ct
1 €				
1 €				
1 €				
1 €				

c)

	20 ct	50 ct	1 €
2 €			
2 €			
2 €			
2 €			

1 Gleichwertigkeit von 100 ct und 1 € besprechen
5 Wechselsituationen mit Spielgeld (Beilage 4) nachspielen

1 Du hast drei Stapel mit Münzen. Mit jedem Zug darfst du einen Teil der Münzen von einem Stapel auf einen anderen Stapel setzen.
Wie viele Züge brauchst du, damit alle Stapel gleich hoch sind?

2 Wie viele Züge brauchst du jetzt?

3 Rasmus bekommt 2 € mehr Taschengeld im Monat als Yula.
Tara bekommt 4 € mehr als Rasmus. Zusammen bekommen die Kinder 20 €.
Wie viel Taschengeld bekommt jedes Kind?

4 Anton hat Bücher für 12 € gekauft. Jedes Buch hat gleich viel gekostet. Hätten die Bücher jeweils 1 € weniger gekostet, hätte er insgesamt ein Buch mehr kaufen können.
Wie viel hat ein Buch gekostet?

5 Welche Teile gehören zusammen?

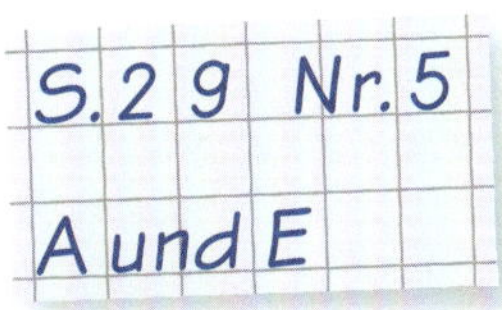

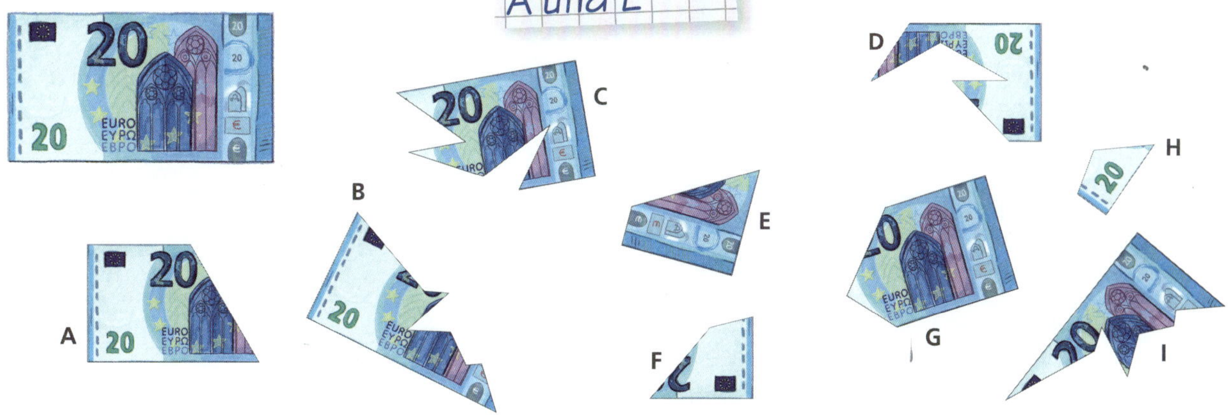

1, 2 Aufgaben mit echten Münzen oder anderen stapelbaren Gegenständen enaktiv lösen
5 Kopiervorlage zum Ausschneiden im Handbuch

1 Die Kinder der Klasse 2a der Nordschule haben notiert, wie sie zur Schule kommen.

a) Zeichne dazu ein **Balkendiagramm** in dein Heft. (Zeichne für jedes Kind ein Kästchen.)

Bus	𝍸 ǀǀ
Auto	ǀǀ
Fahrrad	ǀǀǀǀ
zu Fuß	𝍸 ǀǀǀǀ
Inliner	
Roller	ǀǀǀ

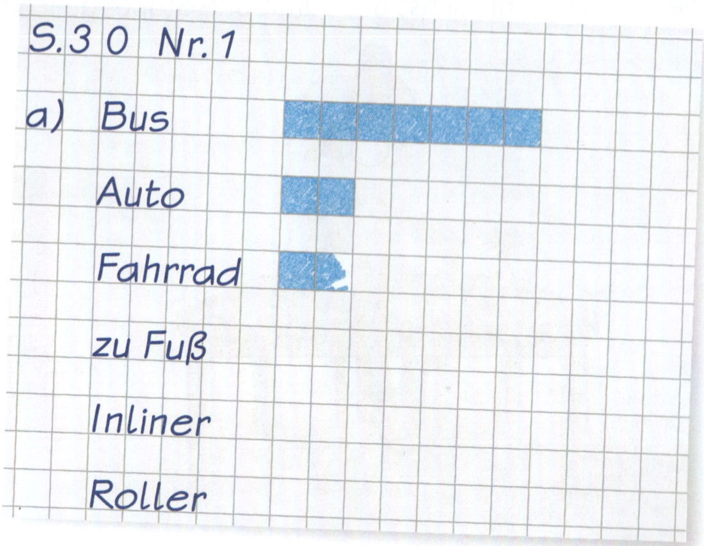

b) Wie viele Kinder kommen mit dem Bus zur Schule?

c) Wie kommen genau vier Kinder zur Schule?

d) Wie kommen die meisten Kinder zur Schule?

e) Wie viele Kinder sind in der Klasse 2a?

2 So kommen die Kinder der Klasse 2b zur Schule.

a) Zeichne dazu eine Tabelle.

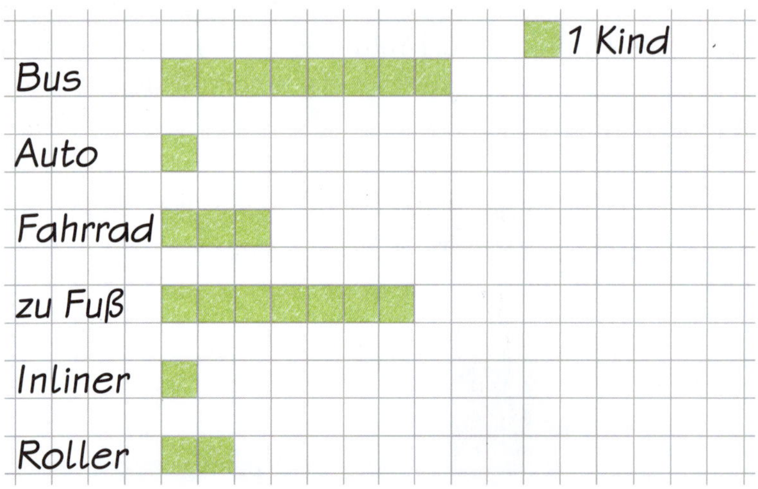

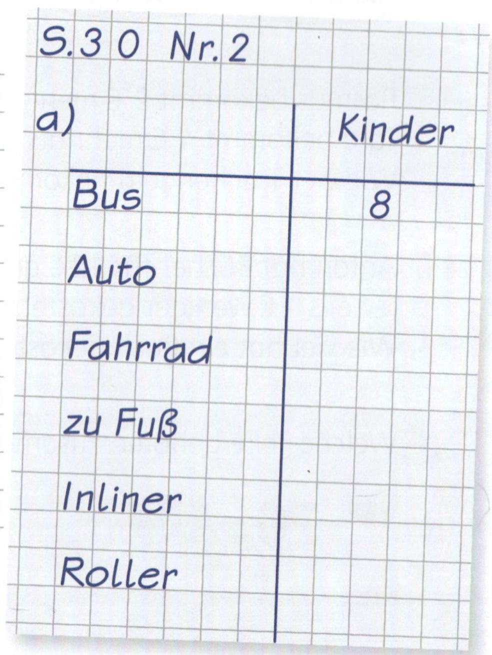

b) Wie kommen die meisten Kinder der Klasse 2b zur Schule?

c) Wie viele Kinder sind in der Klasse 2b?

d) Findet weitere Fragen.

3 Wie kommen die Kinder eurer Klasse zur Schule? Erstellt eine Strichliste und ein Balkendiagramm.

1 Begriff „Balkendiagramm" thematisieren

1 Das ist die Getränkebestellung der Klasse 2c.

Fünf Kinder haben nichts bestellt. Alle anderen Kinder haben ein Getränk bestellt.
Wie viele Kinder sind in der Klasse 2c?

Kakao	卌 |
Milch	卌 ||
Vanillemilch	卌
Erdbeermilch	|||

2 Die Kinder der Klasse 2d haben notiert, wie viele Geschwister sie haben.

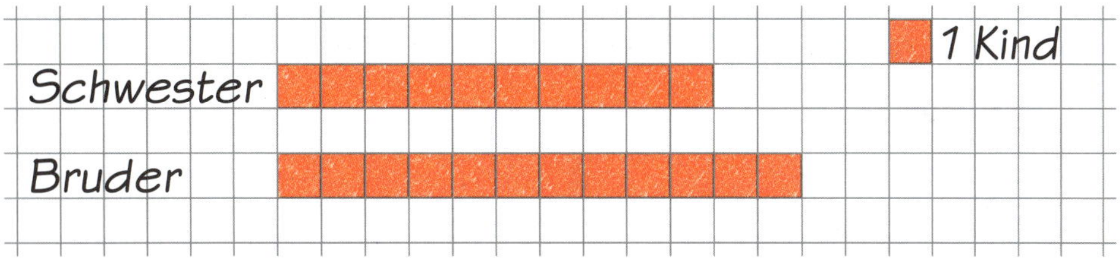

Sechs Kinder haben keine Geschwister. Ein Kind hat zwei Brüder. Drei Kinder haben eine Schwester und einen Bruder. Zwei Kinder haben jeweils zwei Schwestern. Alle anderen Kinder haben entweder einen Bruder oder eine Schwester.

Wie viele Kinder sind in der Klasse 2d?

3

Station 1

Jedes Kind versucht so viele Würfel wie möglich aufeinanderzustellen. Erstellt ein Balkendiagramm mit euren Ergebnissen.

Station 2

Wie oft kannst du hintereinander Seilspringen? Probiere es aus. Dein Partner zählt und erstellt eine Strichliste.

Station 3

Wie weit kann jedes Kind aus eurer Gruppe von der Zahl 100 aus ohne Fehler rückwärts zählen? Erstellt eine Tabelle.

Station 4

Denkt euch selbst noch einen Wettbewerb aus und überlegt, wie ihr die Ergebnisse darstellen könnt.

1 >, < oder = ?

a)
15 + 2 ● 13
19 + 1 ● 20
31 + 6 ● 35
28 + 2 ● 40

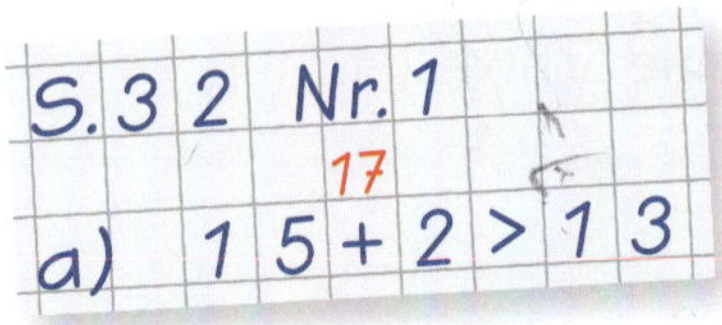

b)
39 − 2 ● 35
45 − 5 ● 40
29 − 8 ● 22
74 − 3 ● 72

c)
32 ● 31 + 3
46 ● 42 + 2
80 ● 75 − 4
68 ● 72 − 2

2 >, < oder = ?

a)
20 + 30 ● 50 + 4
60 + 9 ● 40 + 20
30 + 60 ● 20 + 20
10 + 70 ● 79 + 1

b)
25 + 4 ● 38 − 6
81 + 5 ● 90 − 10
66 − 4 ● 30 + 40
99 − 8 ● 90 + 1

3 Vergleiche ohne zu rechnen.

a)
40 + 20 ● 41 + 21
56 + 30 ● 30 + 56
66 − 60 ● 66 − 7
85 − 20 ● 86 − 20

b)
33 + 40 ● 53 + 40
31 + 80 ● 31 + 7
77 − 16 ● 87 − 86
96 − 8 ● 96 − 28

4 Finde eine passende Zahl.

a)
30 + 7 > ■
45 + 1 < ■
20 + 20 = ■

b)
■ > 28 − 3
■ < 45 − 2
■ = 60 − 30

c)
14 + ■ > 17
60 + ■ < 70
■ + 10 > 90

d)
24 − ■ > 22
80 − ■ < 20
■ − 7 = 71

5 Ordne alle Zahlen und Zeichen so, dass eine Ungleichung entsteht.

a) 30, 8, >, +, +, 12, 1

b) 20, 60, <, +, −, 30, 50

c) 6, 48, −, −, =, 45, 3

4, 5 Mehrere Lösungen sind möglich

1 a) b) c) d)

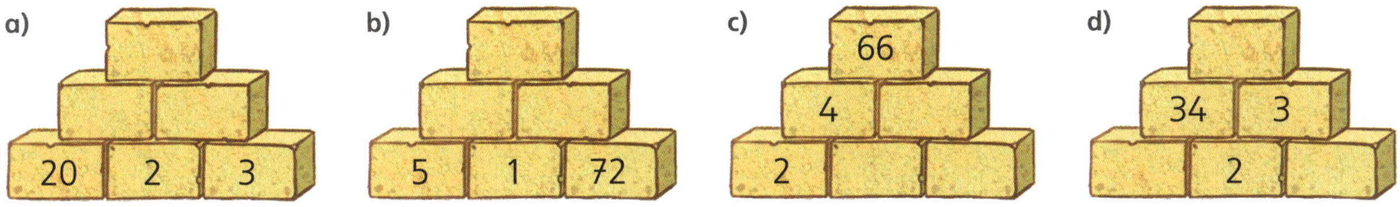

2 Finde die Aufgabenfamilie.

a) 60 30

b) 82 88

c) 20 60

d) 5 97

3 Finde die 8 Fehler. Schreibe die falschen Aufgaben richtig in dein Heft.

a)	b)	c)	d)
22 + 5 = 27	69 − 5 = 63	60 + 20 = 80	55 + 3 = 85
42 + 5 = 92	28 − 8 = 20	20 + 50 = 80	66 − 4 = 62
74 + 3 = 76	34 − 4 = 31	70 − 30 = 40	44 + 5 = 49
94 + 3 = 97	76 − 5 = 71	90 − 10 = 70	88 − 2 = 68

4

a)	b)	c)	d)
32 + 6 = ■	78 − 7 = ■	28 = ■ + 22	58 = ■ + 50 + 4
14 + 3 = ■	34 − 1 = ■	40 = 80 − ■	34 = 31 + ■ + 1
56 + 2 = ■	90 − 40 = ■	54 = ■ + 3	90 = ■ + 20 + 30
30 + 40 = ■	26 − 2 = ■	81 = 87 − ■	44 = 41 + ■ + 3

5 Welche Plus- und Minusaufgaben könnt ihr fangen?
Ihr könnt die Zahlen auch mehrmals verwenden.

1 Finde zu jeder Zahl drei verschiedene Zerlegungen.

a) 

b) 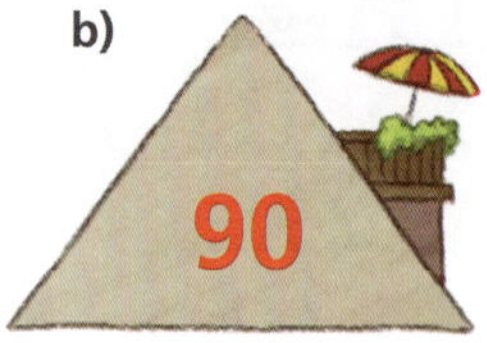

c) 

d) 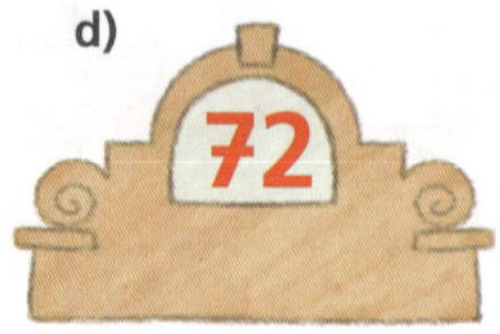

e) 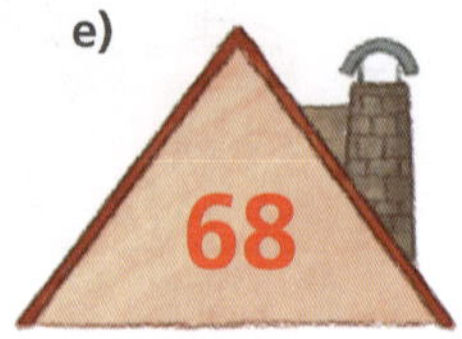

2 Welche Figuren haben eine oder mehrere Symmetrieachsen? Kontrolliere mit dem Spiegel.

a) 

b) 

c) 

d) 

e) 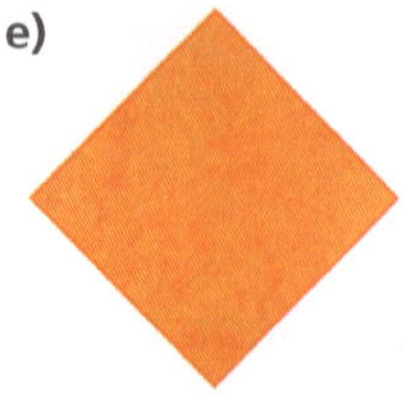

3

a)	b)	c)	d)
3 + 6 = ■	17 + 2 = ■	36 + 2 = ■	64 + 5 = ■
63 + 6 = ■	87 + 2 = ■	81 + 6 = ■	73 + 4 = ■
43 + 6 = ■	57 + 2 = ■	43 + 5 = ■	41 + 7 = ■

4

a)	b)	c)	d)
8 − 2 = ■	39 − 4 = ■	47 − 5 = ■	35 − 4 = ■
48 − 2 = ■	9 − 4 = ■	96 − 4 = ■	29 − 3 = ■
28 − 2 = ■	69 − 4 = ■	53 − 2 = ■	77 − 5 = ■

5

a)	b)	c)	d)
40 + 30 = ■	20 + 30 = ■	90 − 40 = ■	70 − 50 = ■
60 + 20 = ■	10 + 50 = ■	80 − 60 = ■	40 − 10 = ■
50 + 40 = ■	40 + 40 = ■	60 − 30 = ■	60 − 40 = ■

6 >, < oder = ?

a)	b)	c)	d)
36 + 3 ● 33	38 ● 43 − 2	67 ● 63 + 5	50 + 20 ● 30 + 40
53 + 5 ● 59	75 ● 77 − 2	48 ● 46 − 2	88 − 6 ● 85 − 4
62 + 2 ● 64	59 ● 58 − 3	78 ● 72 + 6	53 + 2 ● 59 − 3

7 Wie viel Cent oder Euro sind es?

a) 

b) 

c) 

d) 

8 Die Kinder der Klasse 2b haben notiert, welche Hobbys sie haben.
Zeichne dazu ein Balkendiagramm. (Zeichne für jedes Kind ein Kästchen.)

Fußball	Hockey	Reiten	Tennis	Schwimmen	Turnen
𝍸 II	II	IIII	𝍸	𝍸	II

1 Zu jeder Zahl drei zweigliedrige Zerlegungen finden
Aufgaben zur Selbsteinschätzung als Kopiervorlage im Handbuch

1 Welches Bild ist symmetrisch?

A B C D

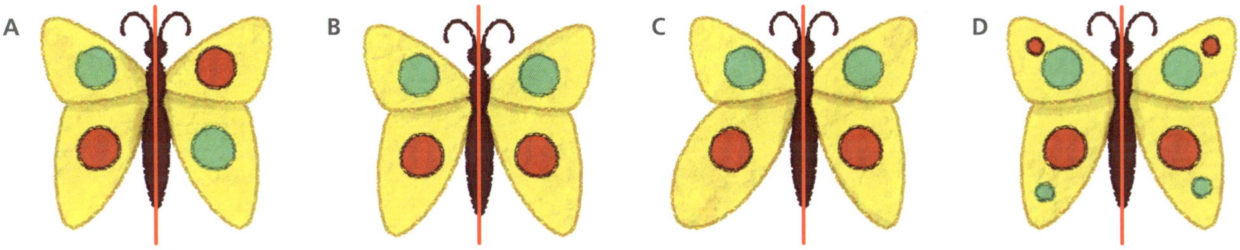

2 a) Lege immer mit vier Münzen. Schreibe auf.

11 ct	22 ct	33 ct	77 ct	1 €

S. 35 Nr. 2
a) 11 ct = 5 ct + 2 ct +

b) Lege immer mit sechs Münzen. Schreibe auf.

18 ct	27 ct	9 ct	50 ct	1 €

c) Lege immer mit drei Scheinen und drei Münzen. Schreibe auf.

26 €	51 €	80 €	65 €	17 €

3 Finde die Aufgabenfamilie.

a) 53 6 59
b) 30 50 80
c) 74 1
d) 60 100
e) 8 68
f)

4 Zeichne ein Bild in dein Heft, das zu allen drei Tabellen passt.

	III
	II
	𝍸

	𝍸
	I
	IIII

groß	𝍸
klein	𝍸

5 Setze die Zahlenfolgen fort.

a) −5 +

60	4	55	8	50							24

S. 35 Nr. 5
a) 60, 4, 55

b) +10 − +

2	94	12	84	22							44

c) Denke dir selbst eine Zahlenfolge aus. Dein Partner soll sie fortsetzen.

1

2 Wofür stehen die Abkürzungen Mo, Di, Mi, Do, Fr, Sa und So?

S. 36 Nr. 2
Mo: Montag

1 Woche = 7 Tage

3 Welcher Wochentag war gestern? Welcher Tag ist morgen?

a) Dienstag **b)** Mittwoch **c)** Donnerstag
d) Montag **e)** Freitag **f)** Sonntag

S. 36 Nr. 3
a) Montag, Dienstag, Mittwoch

4 Welcher Wochentag war vorgestern? Welcher Tag ist übermorgen?

a) Dienstag **b)** Mittwoch
c) Freitag **d)** Sonntag
e) Samstag **f)** Donnerstag

S. 36 Nr. 4

	vorgestern	heute	übermorgen
a)	Sonntag	Dienstag	Donnerstag
b)		Mittwoch	

5 Wie heißen die Monate?
Schreibe die Namen der Monate der Reihe nach auf.

S. 36 Nr. 5
1. Monat: Januar
2. Monat:

1 Jahr = 12 Monate

6 Wie heißt der Vormonat? Welcher Monat folgt?

a) April **b)** Januar **c)** September
d) Oktober **e)** Juni **f)** Dezember

S. 36 Nr. 6
a) März, April, Mai

1 Strukturierung eines Jahres am Kalender untersuchen; Wochentage, Monate und evtl. Jahreszeiten thematisieren

7 Wie viele Tage hat jeder der Monate?
Schaut im Kalender nach.

S. 37 Nr. 7
Januar: 31 Tage

8 Deine Handknöchel können dir helfen herauszufinden, wie viele Tage die einzelnen Monate haben.
Bestimme die Anzahl der Tage.

a) 3. Monat **b)** 1. Monat **c)** 6. Monat **d)** 9. Monat **e)** 12. Monat

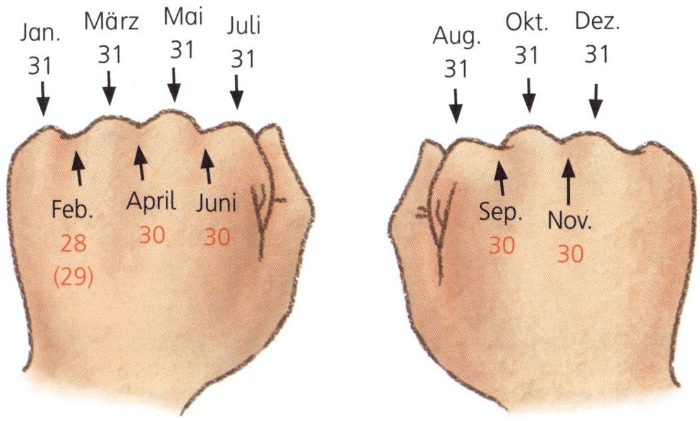

9 Warum hat der Februar manchmal 29 Tage? Erkundige dich.

10 Schreibe das Datum auf zwei Arten.

a)

12. August 2013

S. 37 Nr. 10
a) 12. August 2013
12.08.2013

b)

21.07.1969

c)

9. November 1989

d)

16.10.2006

11 Auf welchen Wochentag fallen die folgenden Tage im Jahr 2018?

a) 18. August
29. Juni
13. Mai

S. 37 Nr. 11
a) 18. August: Samstag

b) 20.01.
05.09.
24.12.

c) Silvester
Nikolaus
dein Geburtstag

12 Bastelt einen Kalender für eure Klasse.

7 Feststellen, dass Monate eine unterschiedliche Anzahl von Tagen haben **8** Mithilfe der Handknöchel bestimmen, wie viele Tage die Monate haben **11** Aufgaben mithilfe eines aktuellen oder des abgebildeten Kalenders lösen **12** Kopiervorlage zur Herstellung eines Klassenkalenders nutzen

1

2 Welche Zahlen verstecken sich unter den roten und blauen Klecksen?

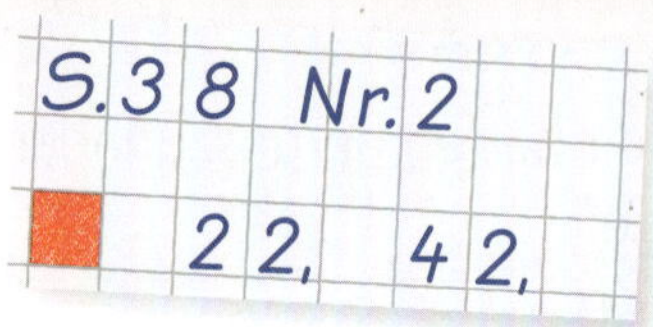

1	2	3	4	5	6	7		9	10
11	12	13		15	16	17	18	19	20
21			24	25	26	27	28	29	30
31	32	33	34	35	36	37	38	39	
41		43	44		46	47	48	49	50
51		53	54	55	56		58	59	60
	62	63			66	67			
71		73		75	76	77	78	79	80
81		83	84	85	86	87	88		90
91		93	94	95	96	97	98		100

3 Welche Zahlen verstecken sich unter den gelben Klecksen? Schreibe sie mit Vorgänger und Nachfolger auf.

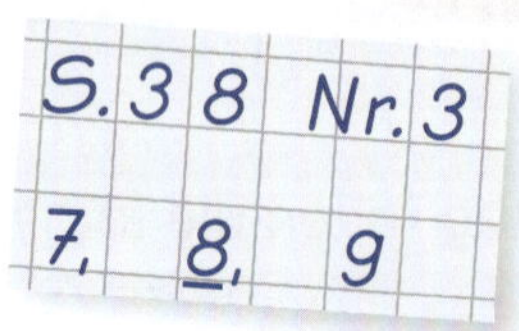

4 Färbe die Zahlen in deiner Hundertertafel. Benutze die vorgegebenen Farben. Schreibe die Zahlenfolgen dann vollständig auf.

a) 21, 22, 23, … 30 (gelb) **b)** 2, 12, 22, … 92 (orange) **c)** 99, 89, 79, … 9 (blau)

d) 1, 12, 23, … 100 (grün) **e)** 41, 43, 45, … 59 (rot) **f)** 70, 68, 66, … 52 (lila)

1 Analogien in den Zehnern erkennen; Zusammenhang zwischen Hundertertafel und Zahlenband thematisieren; Kopiervorlage zur Herstellung einer Hundertertafel im Handbuch nutzen **4** Zahlenfolgen in selbst hergestellter Hundertertafel färben

1

1	2	3	4	5	6	7	8	9	10
11	12	13	14	15	16	17	18	19	20
21	22	23	24	25	26	27	28	29	30
31	32	33				37	38	39	40
41	42	43		45		47	48	49	50
51	52	53				57	58	59	60
61	62	63	64	65	66	67	68	69	70
71	72	73	74	75	76	77	78	79	80
81	82	83	84	85	86	87	88	89	90
91	92	93	94	95	96	97	98	99	100

2 Wie heißen die fehlenden Zahlen?

a)
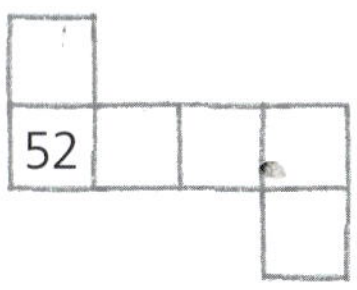

b)
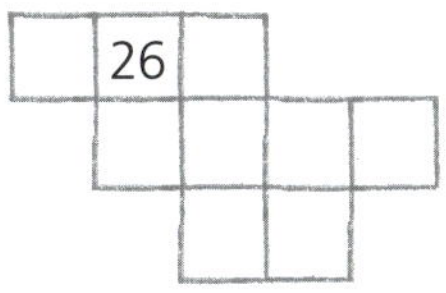

c)
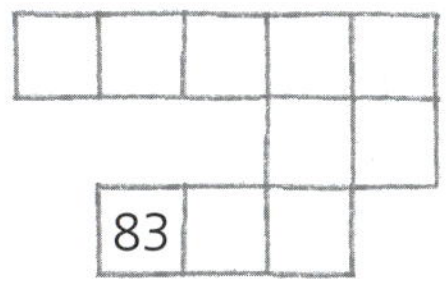

d)
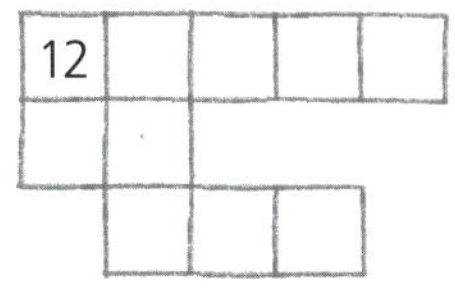

3 Welche Zahlen verstecken sich unter den Buchstaben?

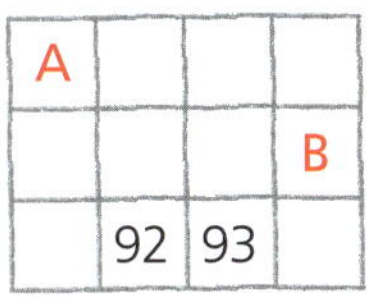

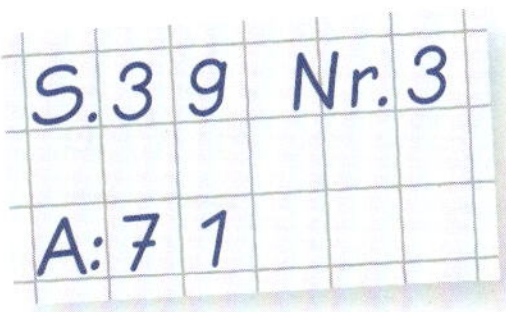

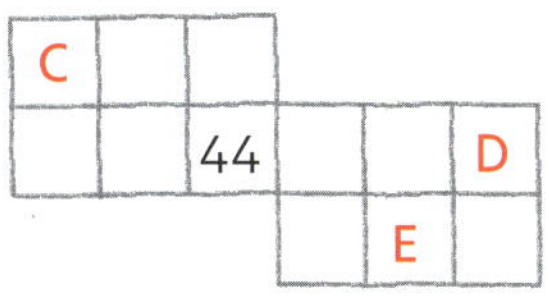

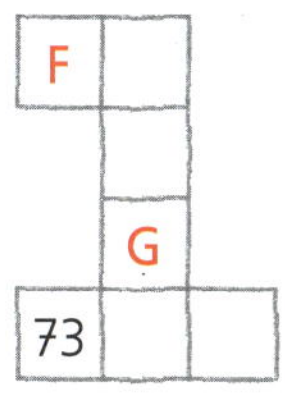

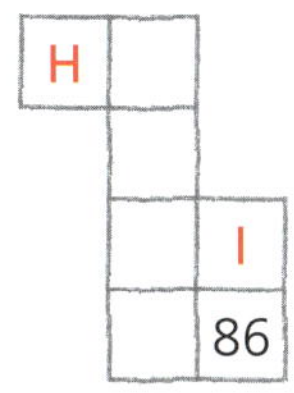

4 Zeige den Weg auf deiner Hundertertafel. Wo kommst du an?

a)
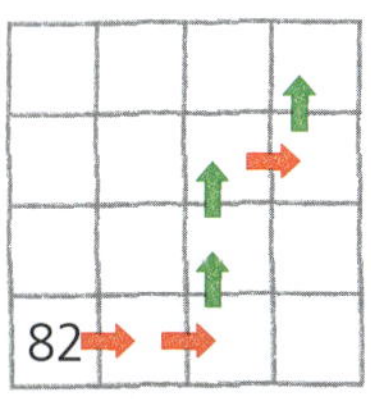

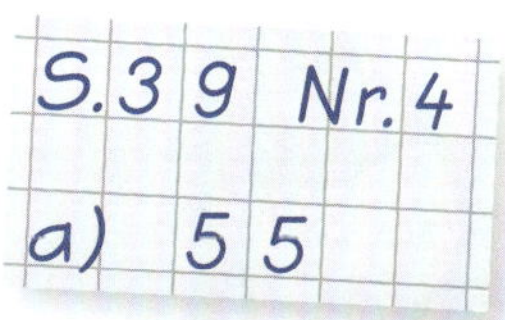

b)
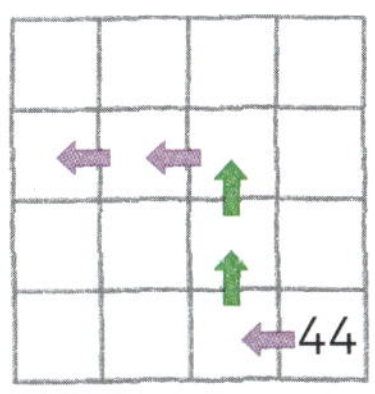

c)
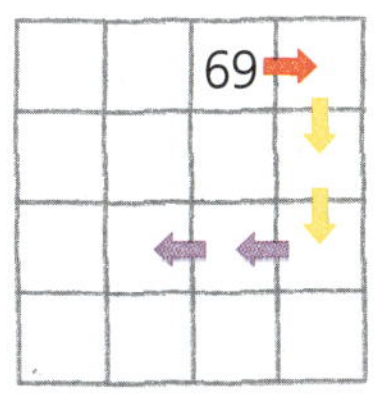

d)
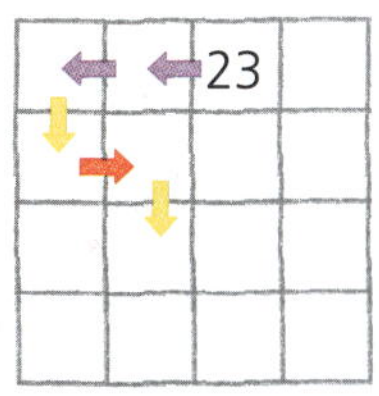

5 Wo kommst du an? Wo gehst du los?

a)
33 → ↓ → ↓ ?
53 ← ↑ ↓ → ?
64 ↑ ↑ ← ↑ ?

b)
77 → ↓ ↓ → ?
29 ↑ → ↑ ← ?
85 ↓ → ↑ ↑ → ?

c)
? ↓ → ↓ → ↓ 100
? ↑ ↑ ↑ ← ↓ ← 66
? → → → ↑ ← 78

6 Wo kommst du an? Wo gehst du los?

a)
47 + 10 + 10 + 1 – 10 ?
80 – 1 – 10 – 1 – 10 ?
76 + 1 – 10 – 10 + 1 ?

b)
11 + 1 + 10 – 1 + 1 ?
100 – 10 – 10 – 10 – 1 ?
68 – 1 + 10 – 1 + 10 ?

c)
? + 1 + 10 – 10 + 1 60
? – 10 + 1 + 10 – 1 73
? + 10 + 10 – 10 – 1 37

7 Stellt euch gegenseitig Wegeaufgaben.

1–7 Ggf. Hundertertafel (Beilage 1) nutzen **1** Schrittweise Veränderung in den Zeilen und Spalten der Hundertertafel thematisieren **4–6** Nur Zielzahlen bzw. Startzahlen notieren **7** Format für Wegeaufgaben (Aufgabe 5 oder 6) selbst wählen

1

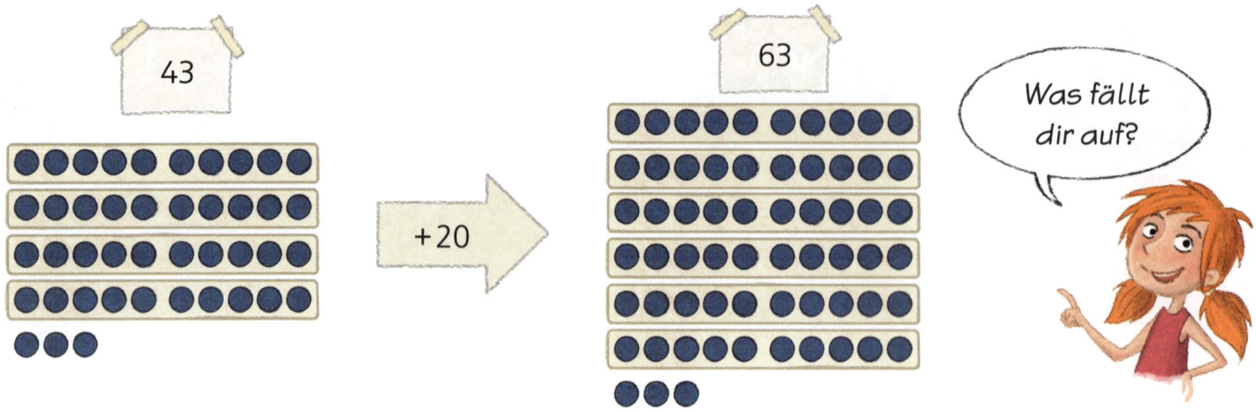

2 Setze fort.

a)
43 + 10 = ■
43 + 20 = ■
43 + 30 = ■

b)
18 + 80 = ■
18 + 70 = ■
18 + 60 = ■

c)
35 + 10 = ■
35 + 20 = ■
35 + 30 = ■

d)
72 + 20 = ■
62 + 20 = ■
52 + 20 = ■

3

a)
54 + 40 = ■
24 + 40 = ■
34 + 40 = ■

b)
47 + 30 = ■
67 + 20 = ■
57 + 30 = ■

c)
36 + 50 = ■
72 + 10 = ■
28 + 40 = ■

d)
51 + 40 = ■
45 + 20 = ■
13 + 60 = ■

4 Die Tauschaufgabe kann dir helfen. Kontrolliere mit der Hundertertafel.

b)
50 + 13 = ■
40 + 22 = ■
23 + 30 = ■
30 + 41 = ■

c)
36 + 20 = ■
14 + 40 = ■
34 + 30 = ■
20 + 35 = ■

d)
58 + 30 = ■
37 + 50 = ■
29 + 60 = ■
60 + 18 = ■

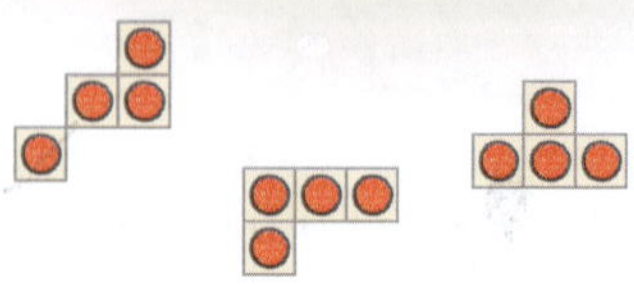

5

a)
26 + ■ = 56
26 + ■ = 86
26 + ■ = 96

b)
39 + ■ = 69
29 + ■ = 69
59 + ■ = 69

c)
52 + ■ = 82
25 + ■ = 85
14 + ■ = 64

d)
■ + 20 = 34
■ + 40 = 76
■ + 30 = 93

1 Entdecken, dass bei der Addition von Zehnerzahlen die Anzahl der Einer erhalten bleibt
4 Selbstkontrolle mit der Hundertertafel (Beilage 1) kennenlernen und besprechen

1

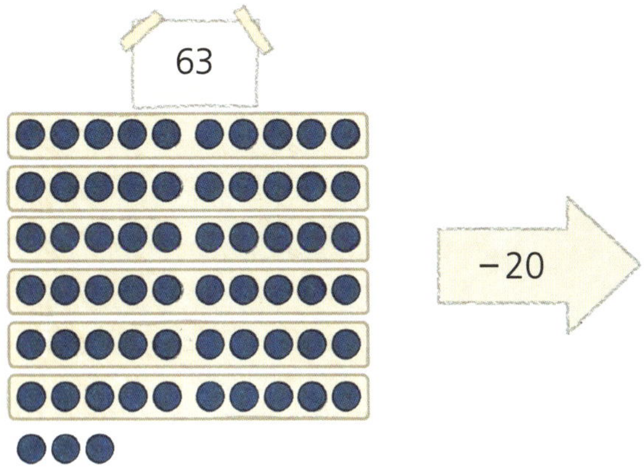

2 Setze fort.

a) 63 − 20 = ■
63 − 30 = ■
63 − 40 = ■

b) 86 − 80 = ■
86 − 70 = ■
86 − 60 = ■

c) 75 − 10 = ■
75 − 20 = ■
75 − 30 = ■

d) 98 − 40 = ■
88 − 40 = ■
78 − 40 = ■

3 a) 56 − 30 = ■
96 − 30 = ■
86 − 30 = ■

b) 47 − 20 = ■
87 − 50 = ■
67 − 20 = ■

c) 72 − 40 = ■
98 − 20 = ■
87 − 30 = ■

d) 73 − 60 = ■
58 − 10 = ■
76 − 40 = ■

4 Kontrolliere mit der Hundertertafel.

a) 63 − 40 = ■
55 − 10 = ■
45 − 20 = ■
83 − 40 = ■

b) 54 − 30 = ■
45 − 10 = ■
65 − 40 = ■
34 − 20 = ■

c) 98 − 70 = ■
67 − 40 = ■
88 − 50 = ■
48 − 30 = ■

5 a)

−	20	40	30
58			
74			
85			

b)

−		20	
77			37
94	44		
68			

c)

−	10	20	
50			0
63			
	81		

6 a) 83 − ■ = 63
83 − ■ = 33
83 − ■ = 53

b) 47 − ■ = 27
77 − ■ = 27
57 − ■ = 27

c) 92 − ■ = 72
58 − ■ = 28
65 − ■ = 15

d) ■ − 40 = 51
■ − 20 = 46
■ − 30 = 37

7 a) Daniels Opa hat 87 € in seinem Portmonee.
Er gibt Daniel 20 € für seine Hilfe bei der Gartenarbeit.
Wie viel Euro hat Daniels Opa jetzt in seinem Portmonee?

b) Daniel hat 32 € gespart.
Wie viel Euro hat er mit dem Geld von seinem Opa?

1 Entdecken, dass bei der Subtraktion von Zehnerzahlen die Anzahl der Einer erhalten bleibt
4 Selbstkontrolle mit der Hundertertafel (Beilage 1) durchführen
7 Lösungsweg und passenden Antwortsatz im Heft notieren

1

2

a)	b)	c)	d)
8 + 3 = ▢	18 + 3 = ▢	28 + 3 = ▢	35 + 6 = ▢
7 + 5 = ▢	17 + 5 = ▢	27 + 5 = ▢	38 + 4 = ▢
4 + 9 = ▢	14 + 9 = ▢	24 + 9 = ▢	34 + 9 = ▢
6 + 8 = ▢	16 + 8 = ▢	26 + 8 = ▢	39 + 7 = ▢

3

a)	b)	c)	d)
6 + 6 = ▢	8 + 5 = ▢	7 + 9 = ▢	4 + 7 = ▢
16 + 6 = ▢	18 + 5 = ▢	17 + 9 = ▢	14 + 7 = ▢
26 + 7 = ▢	28 + 5 = ▢	26 + 9 = ▢	24 + 7 = ▢
36 + 6 = ▢	39 + 5 = ▢	37 + 9 = ▢	34 + 8 = ▢

4

a)	b)	c)	d)
5 + 6 = ▢	8 + 9 = ▢	6 + 8 = ▢	7 + 7 = ▢
15 + 6 = ▢	18 + 9 = ▢	16 + 8 = ▢	17 + 7 = ▢
25 + 6 = ▢	28 + 9 = ▢	26 + 8 = ▢	27 + 7 = ▢

5

a)

+	3	4	5	6	7	8
36						
	62					

b)

+	8		9	4		6
64		69				
58					65	

6 Rechne geschickt.

a) 73 + 9 = ▢
54 + 8 = ▢
25 + 9 = ▢
35 + 8 = ▢

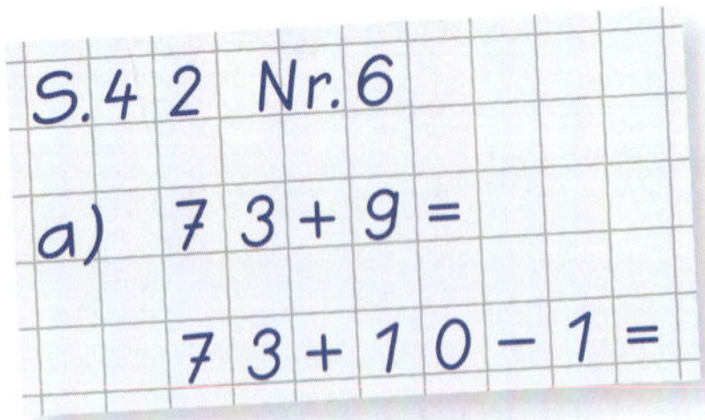

b) 68 + 8 = ▢
82 + 9 = ▢
56 + 9 = ▢
75 + 9 = ▢

7

a)	b)	c)	d)
37 + ▢ = 40	47 + ▢ = 52	▢ + 7 = 13	▢ + 8 = 66
37 + ▢ = 45	63 + ▢ = 71	▢ + 7 = 16	▢ + 6 = 72

1 Verschiedene Rechenwege thematisieren
2–4 Analogien in anderen Zehnern nutzen
6 Aufgaben mit Rechentrick „+ 10 − 1“ und „+ 10 − 2“ lösen

1 Kontrolliere mit der Hundertertafel. Ein Kontrollbild bleibt übrig.

a) 27 + 7 = ■
15 + 8 = ■
28 + 4 = ■
37 + 6 = ■

b) 75 + 8 = ■
87 + 7 = ■
68 + 6 = ■
88 + 4 = ■

c) 59 + 5 = ■
67 + 7 = ■
55 + 8 = ■
46 + 6 = ■

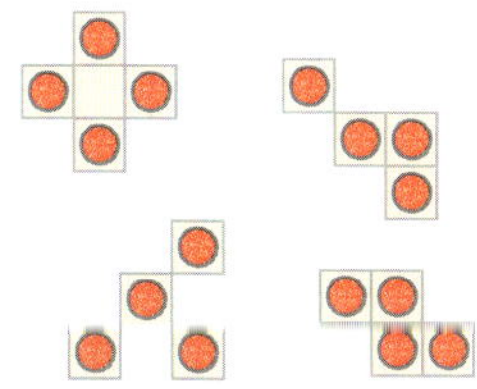

2 Die Tauschaufgabe kann dir helfen.

a) 8 + 45 = ■
88 + 5 = ■
7 + 35 = ■
67 + 4 = ■

b) 15 + 7 = ■
76 + 6 = ■
9 + 24 = ■
5 + 46 = ■

c) 9 + 64 = ■
26 + 5 = ■
85 + 6 = ■
4 + 58 = ■

d) 63 + 8 = ■
3 + 49 = ■
76 + 7 = ■
5 + 57 = ■

3 Setze die Zahlenfolgen fort. Die Hundertertafel kann dir helfen.

a) 3, 6, 9, … 27
b) 6, 12, 18, … 54
c) 31, 39, 47, … 95
d) 16, 21, 26, … 56
e) 7, 14, 21, … 63
f) 56, 61, 66, … 96

4 Wie heißt der Lösungssatz?

R	G	A	L	M	B	I	U	S	E	T
13	25	32	41	55	62	64	72	81	84	93

55 + 7 = ☐
5 + 36 = ☐
9 + 23 = ☐
64 + 8 = ☐
77 + 7 = ☐
5 + 8 = ☐

59 + 3 = ☐
5 + 27 = ☐
66 + 6 = ☐
48 + 7 = ☐
2 + 79 = ☐
87 + 6 = ☐

6 + 78 = ☐
57 + 7 = ☐
8 + 17 = ☐
75 + 9 = ☐
6 + 7 = ☐

Ich bin ein ☐☐☐☐☐☐ ☐☐☐☐☐☐☐☐☐☐☐.

5 Eva sammelt Aufkleber in einem Stickeralbum.
Sie können in zwei Reihen aufgeklebt werden.

a) Auf der ersten Seite sind 8 Aufkleber in der oberen Reihe und 9 Aufkleber in der unteren Reihe.
Wie viele Aufkleber sind es?

b) Auf der zweiten Seite sind 5 Aufkleber mehr als auf der ersten Seite.
Wie viele Aufkleber sind auf der zweiten Seite?

c) Die letzten 9 Aufkleber hat Eva auf die dritte Seite geklebt.
Wie viele Aufkleber hat sie insgesamt?

d) Wie viele Seiten sind noch frei?

Knobelaufgabe

Aus welchen Formen setzt sich die lilafarbene Figur zusammen?

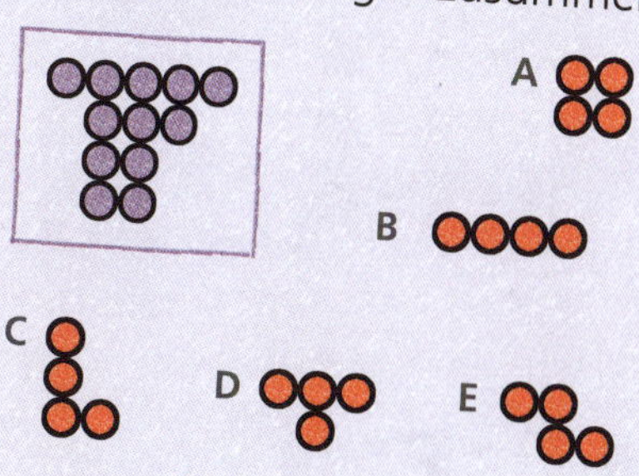

1 Selbstkontrolle mit der Hundertertafel (Beilage 1) durchführen
3 Hundertertafel (Beilage 1) nutzen

1

2

a) 14 − 8 = □
12 − 5 = □
13 − 5 = □
15 − 6 = □

b) 24 − 8 = □
22 − 5 = □
23 − 5 = □
25 − 6 = □

c) 34 − 8 = □
32 − 5 = □
33 − 5 = □
35 − 6 = □

d) 42 − 6 = □
44 − 9 = □
45 − 7 = □
47 − 9 = □

3

a) 11 − 8 = □
21 − 8 = □
31 − 7 = □
41 − 8 = □

b) 14 − 7 = □
24 − 7 = □
34 − 7 = □
45 − 7 = □

c) 13 − 4 = □
23 − 4 = □
33 − 4 = □
44 − 4 = □

d) 15 − 9 = □
25 − 9 = □
35 − 9 = □
45 − 8 = □

4

a) 14 − 6 = □
24 − 6 = □
34 − 6 = □

b) 13 − 7 = □
23 − 7 = □
33 − 7 = □

c) 15 − 8 = □
25 − 8 = □
35 − 8 = □

d) 12 − 5 = □
22 − 5 = □
32 − 5 = □

5

a)

−	3	4	5	6	7	8
			46			
63						

b)

−	8			6	4	7
34		29				
71			62			

6 Rechne geschickt.

a) 72 − 9 = □
54 − 8 = □
67 − 9 = □
33 − 8 = □

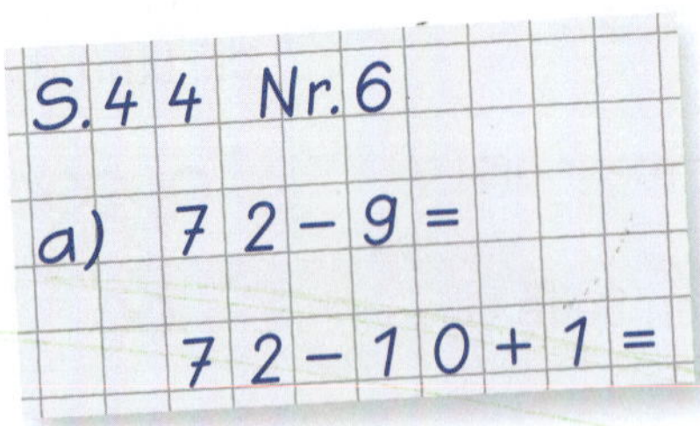

b) 63 − 8 = □
82 − 9 = □
56 − 9 = □
75 − 9 = □

7

a) 74 − □ = 70
74 − □ = 68

b) 43 − □ = 36
32 − □ = 28

c) □ − 5 = 9
□ − 5 = 6

d) □ − 8 = 17
□ − 9 = 64

1 Verschiedene Rechenwege thematisieren
2–4 Analogien in anderen Zehnern nutzen
6 Aufgaben mit Rechentrick „− 10 + 1" und „− 10 + 2" lösen

1 Kontrolliere mit der Hundertertafel. Ein Kontrollbild bleibt übrig.

a) 76 − 7 = ■
61 − 2 = ■
65 − 7 = ■
74 − 6 = ■

b) 62 − 6 = ■
53 − 5 = ■
64 − 7 = ■
56 − 9 = ■

c) 71 − 5 = ■
85 − 8 = ■
82 − 4 = ■
85 − 9 = ■

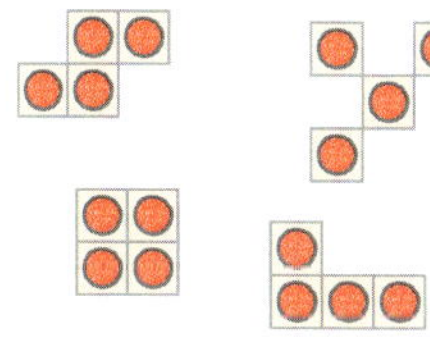

2 Wie heißt der Lösungssatz?
In jeder Raupe ist ein Wort verborgen.

B	T	I	F	M	H	C	E	R	N
6	15	28	37	45	57	66	68	77	89

3 Kontrolliere jede Aufgabe mit der Umkehraufgabe.

a) 63 − 7 = ■
31 − 4 = ■
55 − 6 = ■
62 − 5 = ■

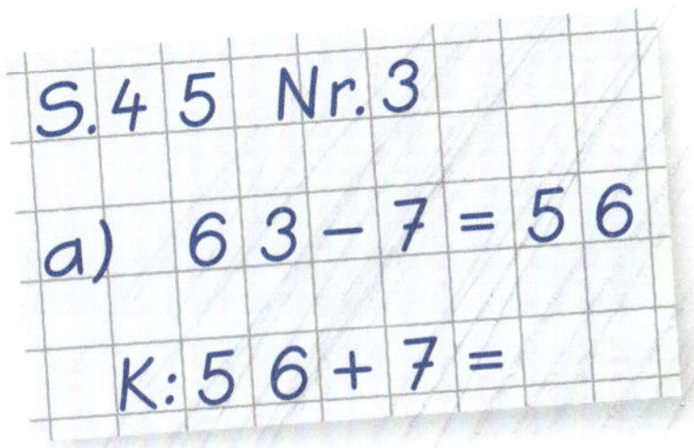

b) 59 − 8 = ■
58 − 9 = ■
82 − 7 = ■
43 − 5 = ■

c) 75 − 7 = ■
52 − 9 = ■
87 − 8 = ■
44 − 7 = ■

4 a) 53 − 7 = ■
36 + 8 = ■
36 − 8 = ■

b) 67 − 8 = ■
28 + 7 = ■
91 − 3 = ■

c) 72 + 9 = ■
72 − 8 = ■
73 − 7 = ■

d) 74 − 7 = ■
61 − 5 = ■
48 + 3 = ■

5 Der Dalmatiner hat eine Schulterhöhe von 59 cm.
Bestimme die Größe der anderen Hunde.

a) Der Berner Sennenhund ist 6 cm größer als der Dalmatiner.

b) Der Golden Retriever ist 4 cm kleiner als der Dalmatiner.

c) Der Field Spaniel ist 9 cm kleiner als der Golden Retriever.

d) Der Beagle ist 7 cm kleiner als der Field Spaniel.

1 Selbstkontrolle mit der Hundertertafel (Beilage 1) durchführen

1 Setze die Zahlenfolgen fort. Die Hundertertafel kann dir helfen.

a) 98, 93, 88, … 48 b) 60, 64, 68, … 100 c) 58, 55, 52, … 28

d) 6, 13, 20, 27, 34, … 90 e) 3, 10, 19, 26, 35, … 99 f) 17, 27, 23, 33, 29, … 53

2 Setze fort.

a)
6 + 7 = ■
16 + 7 = ■
26 + 7 = ■

b)
20 + 8 = ■
20 + 18 = ■
20 + 28 = ■

c)
32 − 5 = ■
42 − 5 = ■
52 − 5 = ■

d)
96 − 10 = ■
96 − 20 = ■
96 − 30 = ■

3 Die Tauschaufgabe kann dir helfen.

a)
46 + 20 = ■
3 + 38 = ■
10 + 49 = ■

b)
29 + 8 = ■
6 + 16 = ■
30 + 51 = ■

c)
2 + ■ = 57
38 + ■ = 78
7 + ■ = 31

d)
■ + 6 = 60
6 + ■ = 20
■ + 41 = 51

4 Finde die Aufgabenfamilie.

a) 26, 7, 33
b) 27, ■, 97
c) ■, 3, 45
d) 22, 50, ■
e) 66, ■, 68
f) ■, ■, 100

5 Kontrolliere mit der Hundertertafel. Ein Kontrollbild bleibt übrig.

a)
33 + 5 = ■
51 + 7 = ■
28 + 20 = ■
43 + 4 = ■

b)
74 − 30 = ■
64 − 40 = ■
39 − 6 = ■
42 − 7 = ■

c)
74 − 3 = ■
52 + 30 = ■
70 + 2 = ■
89 − 8 = ■

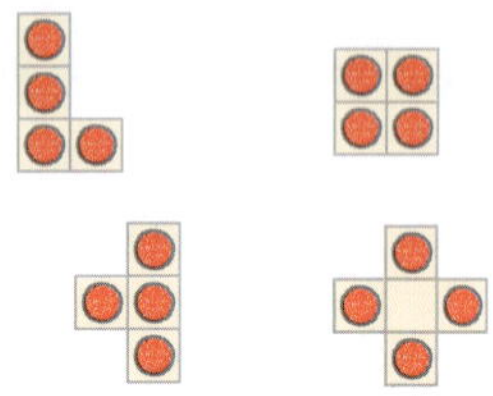

6 Bilde Plusaufgaben.

14, 22, 57, 43 + 30, 6

S. 46 Nr. 6
14 + 30 = 44
14 + 6 =

7 Bilde Minusaufgaben.

76, 34, 62, 27 − 8, 20

8 In der Klassenkasse sind 63 €. Die Lehrerin kauft ein Buch für die Klassenbücherei. Es kostet 9 €.
Wie viel Geld ist noch übrig?

9 Lotta hat 36 Kastanien gesammelt, Timo 52 Kastanien.
Timo schenkt Lotta seine 5 schönsten Kastanien.
Wie viele Kastanien hat Lotta? Wie viele Timo?

1 Ggf. Hundertertafel (Beilage 1) nutzen
5 Selbstkontrolle mit der Hundertertafel (Beilage 1) durchführen
8, 9 Lösungsweg und passenden Antwortsatz im Heft notieren

1 Zeichne die Figur in dein Heft, ohne den Stift abzusetzen.
Du darfst keine Linie doppelt zeichnen.

a) 

b) 

c) 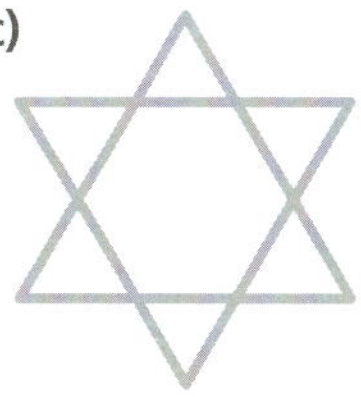

d) 

2 Welche rote Linie ist länger? Überprüfe deine Vermutung mit dem Lineal.

a) 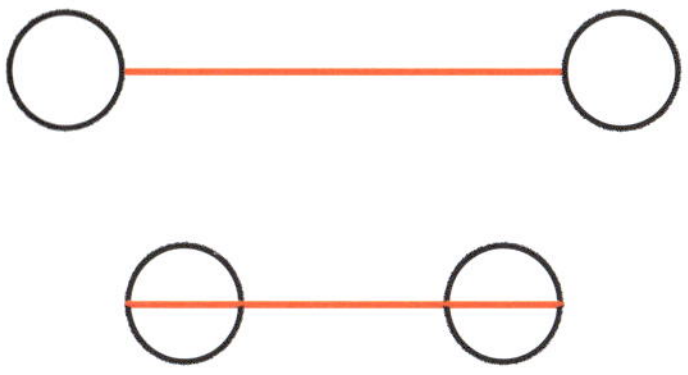

b) 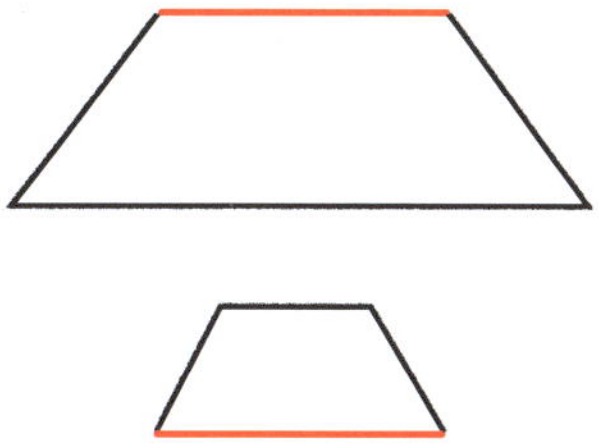

3 Wie viele verschiedene Wege gibt es für den Hund in seine Hundehütte zu kommen? Er darf nur in Pfeilrichtung gehen.

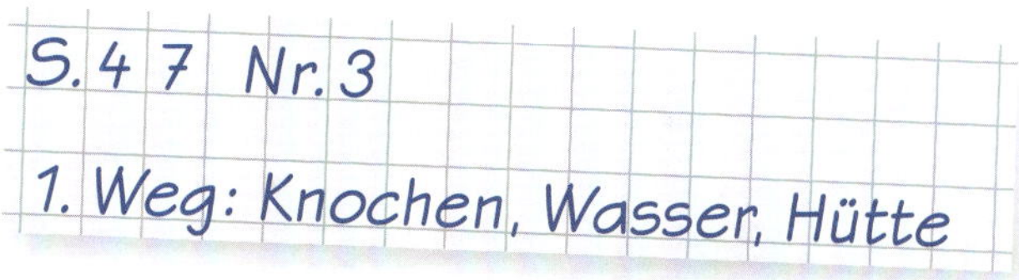

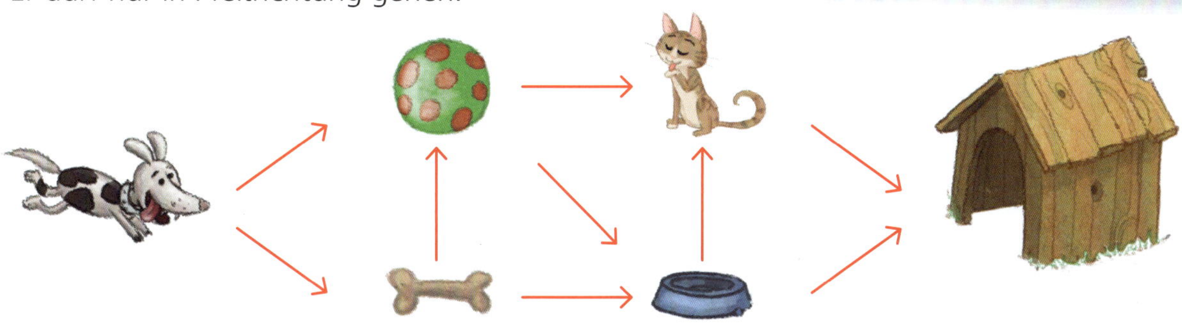

4 Lege mit Streichhölzern und zeichne in dein Heft.

a) Lege 2 Dreiecke mit insgesamt 5 Hölzern.

b) Lege 2 Quadrate mit insgesamt 7 Hölzern.

c) Lege 5 Dreiecke mit insgesamt 9 Hölzern.

d) Lege 2 Quadrate und 3 Dreiecke mit 12 Hölzern.

5 Legt mit Streichhölzern.

a) Legt 3 Hölzer so hin, dass sich alle 3 Hölzer berühren.

b) Legt 4 Hölzer so hin, dass sich alle 4 Hölzer berühren.

c) Legt 5 Hölzer so hin, dass sich alle 5 Hölzer berühren.

d) Legt 6 Hölzer so hin, dass sich alle 6 Hölzer berühren.

1

2 a) Beschreibe deinen Tagesablauf.
Wähle sechs verschiedene Uhrzeiten aus und schreibe eine Tabelle.

b) Was machst du sonntags zu den gleichen Uhrzeiten? Schreibe eine Tabelle.

S. 4 8 Nr. 2

a)

Uhrzeit	Tätigkeit
7 Uhr	Ich frühstücke.
9 Uhr	Ich

3 Stelle die Zeiger auf deiner Lernuhr ein.
Dein Partner soll immer **beide** Uhrzeiten dazu sagen. Wechselt euch ab.

a) 5 Uhr	b) 10 Uhr	c) 21 Uhr	d) 1 Uhr	e) 18 Uhr	f) 16 Uhr
g) 12 Uhr	h) 23 Uhr	i) 0 Uhr	j) 13 Uhr	k) 24 Uhr	l) 9 Uhr

4 Schreibe jeweils beide Uhrzeiten auf.

a) 

S. 4 8 Nr. 4

a) 2 Uhr
14 Uhr

b) 

c) 

d) 

5

1 Über Tageszeiten sprechen
3 Lernuhr (Beilage 5) verwenden
5 Über 24 Uhr und 0 Uhr sprechen

6 Schreibe die Uhrzeiten auf. Achte auf die Tageszeiten.

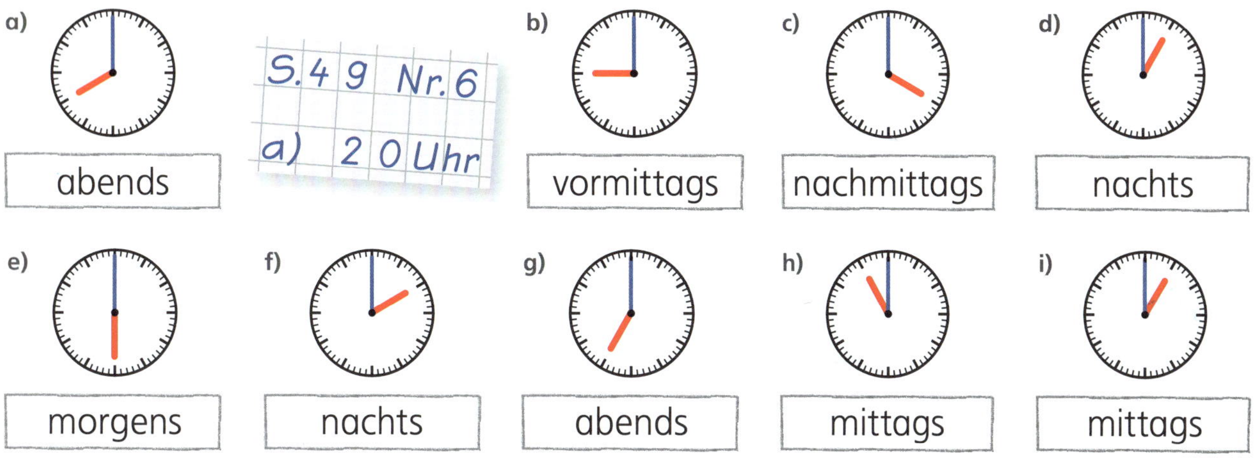

7

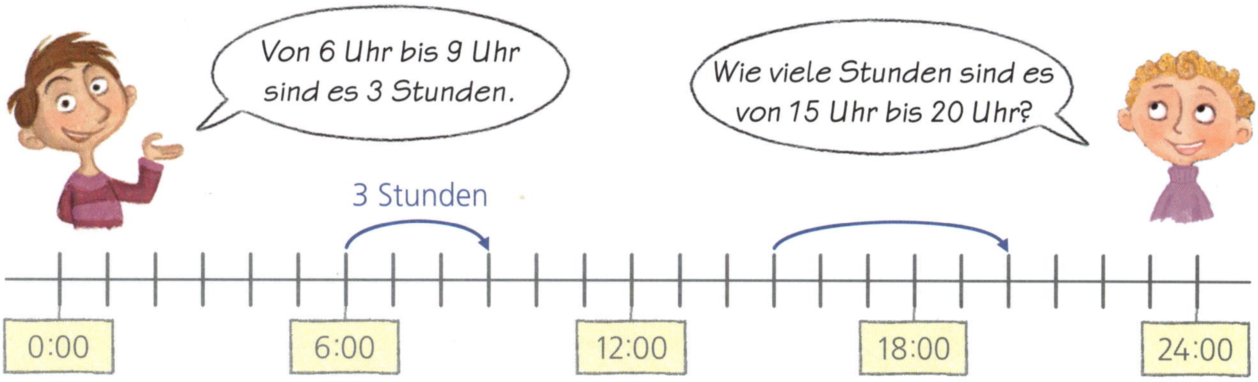

8 Wie lange dauert es?

a) Ayse ist von 8 Uhr bis 13 Uhr in der Schule.

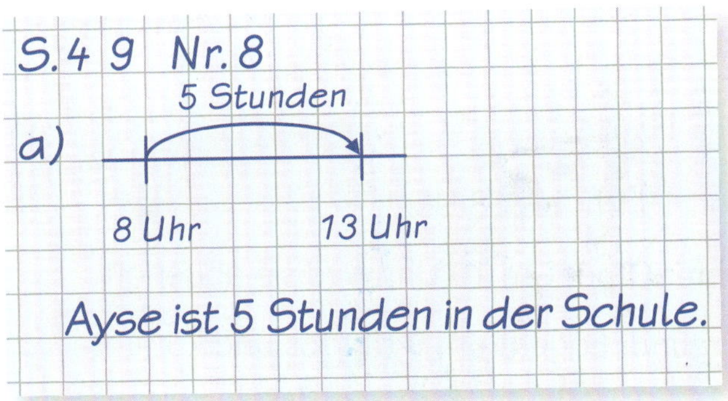

b) Vater geht um 7 Uhr zur Arbeit und kommt um 17 Uhr nach Hause.

c) Das Fußballtraining dauert von 15 Uhr bis 17 Uhr.

d) Alena geht um 18 Uhr zu ihrer Freundin. Sie übernachtet dort. Am nächsten Tag kommt Alena um 11 Uhr wieder nach Hause.

S.50 Nr. 1
a) Mittwoch, Donnerstag, Freitag

1 Welcher Wochentag war gestern? Welcher Tag ist morgen?

a) Donnerstag b) Samstag
c) Freitag d) Montag

2 Schreibe das Datum auf zwei Arten.

a) 06.12.2010 b) 31. Oktober 2011 c) 14. April 2009 d) 21.03.2015
e) 3. Februar 2004 f) 16.09.1977 g) 30.06.2012 h) 1. Juli 2013

3 Welche Zahlen verstecken sich unter den Buchstaben?

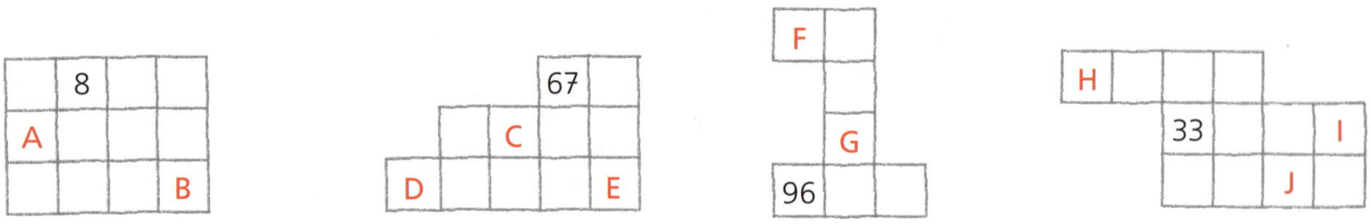

4

a) 47 + 10 = ■
38 + 50 = ■
23 + 20 = ■
55 + 40 = ■

b) 84 − 20 = ■
76 − 30 = ■
98 − 50 = ■
63 − 40 = ■

c) 72 − 50 = ■
27 + 40 = ■
64 + 20 = ■
81 − 30 = ■

d) 25 + ■ = 35
53 − ■ = 13
■ + 30 = 92
■ − 40 = 37

5

a) 24 + 8 = ■
48 + 3 = ■
69 + 6 = ■
56 + 3 = ■

b) 82 − 7 = ■
45 − 5 = ■
71 − 4 = ■
53 − 9 = ■

c) 51 + 6 = ■
93 − 8 = ■
62 − 3 = ■
74 + 7 = ■

d) 38 + ■ = 45
38 − ■ = 29
■ + 7 = 62
■ − 6 = 77

6 Schreibe die Uhrzeiten auf. Achte auf die Tageszeiten.

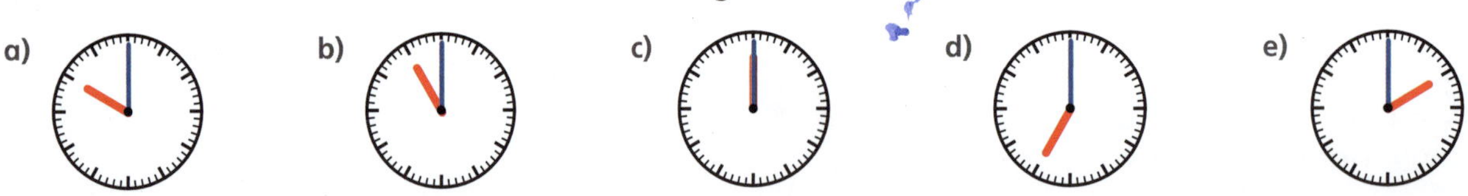

a) abends b) mittags c) nachts d) morgens e) nachmittags

7 Wie lange dauert es?

a) Tom feiert Geburtstag. Die Feier dauert von 15 Uhr bis 18 Uhr.

b) Eva geht nach der Schule um 13 Uhr zu ihrer Oma. Um 19 Uhr wird sie abgeholt.

c) Sven spielt am Wochenende bei seinem Freund. Er geht um 9 Uhr los und kommt um 18 Uhr nach Hause.

Aufgaben zur Selbsteinschätzung als Kopiervorlage im Handbuch

1 Aus welchen Kärtchen kannst du Aufgabenfamilien bilden?
Schreibe möglichst viele in dein Heft und rechne.

59 56 3 60 45
7 48 63 4

2 a) Wie viele blaue Kugeln sind im Beutel?

b) Wie viele Kugeln sind insgesamt im Beutel?

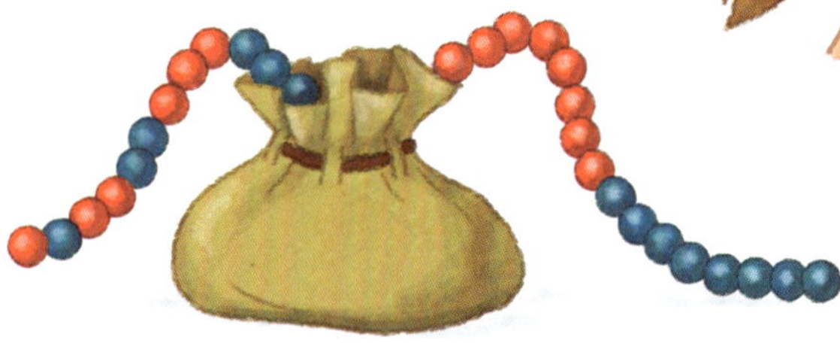

3 Welche Beschreibung passt? Ordne zu.

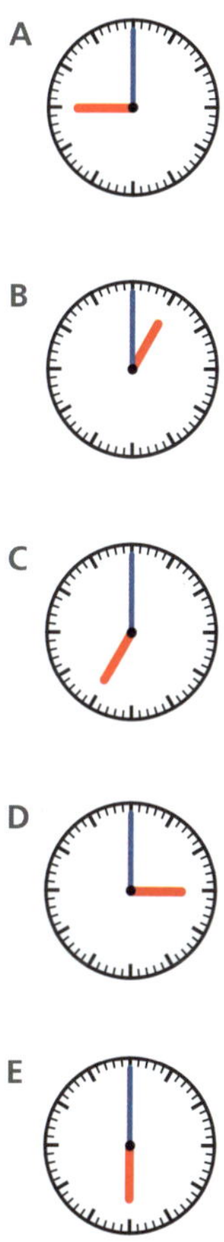

4 Wege auf der Hundertertafel.
Wo gehst du los? Wo kommst du an?

a)

?	→ ↓ ↓ ← ↑	48
?	↑ ↑ ← ← ↑	33
?	← ↓ ← ↓ →	59
?	↑ ← ← ↓ →	99

b)

100	↑ ← ← ↘ →	?
17	↙ ↓ ↘ → ↗	?
89	↖ ↖ ↖ ↖ ↖	?
62	↘ ↗ ↘ ↗ ↘	?

c)

?	→ → ↓ ← ↓	?
?	→ → ↓ ← ←	?
?	↑ ↑ ← ← ↑	?
?	→ ← ↓ ↑ ←	?

1

2 Rechne wie Timo.

a) 24 + 65 = ■
82 + 13 = ■
53 + 34 = ■

b) 61 + 14 = ■
26 + 43 = ■
35 + 22 = ■

c) 95 − 31 = ■
79 − 66 = ■
49 − 15 = ■

d) 68 − 55 = ■
95 − 12 = ■
57 − 23 = ■

3 Rechne wie Nele.

a) 67 − 35 = ■
86 − 45 = ■
38 − 13 = ■

b) 78 − 32 = ■
65 − 43 = ■
83 − 21 = ■

c) 25 + 32 = ■
34 + 25 = ■
44 + 15 = ■

d) 85 + 12 = ■
54 + 35 = ■
35 + 41 = ■

4 Ordne die Aufgaben den Rechenstrichen zu. Löse dann am Rechenstrich.

25 + 25 | 73 + 15 | 67 − 33 | 15 + 43 | 37 − 34

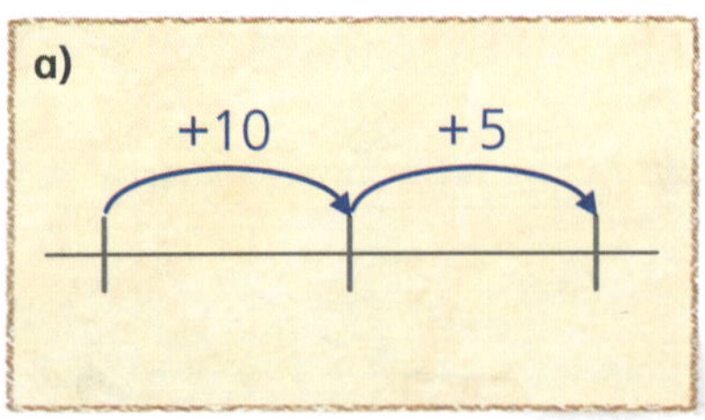

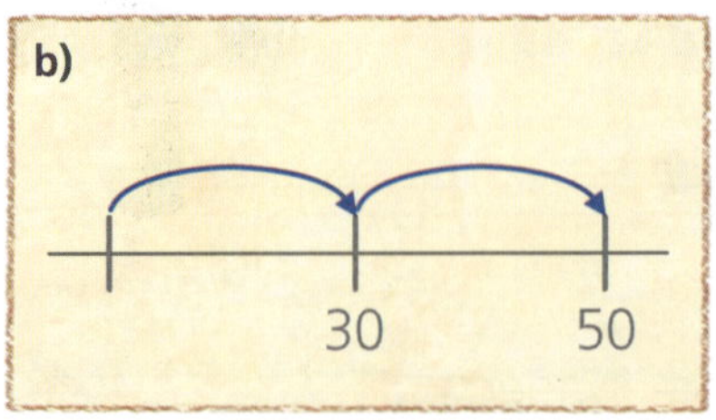

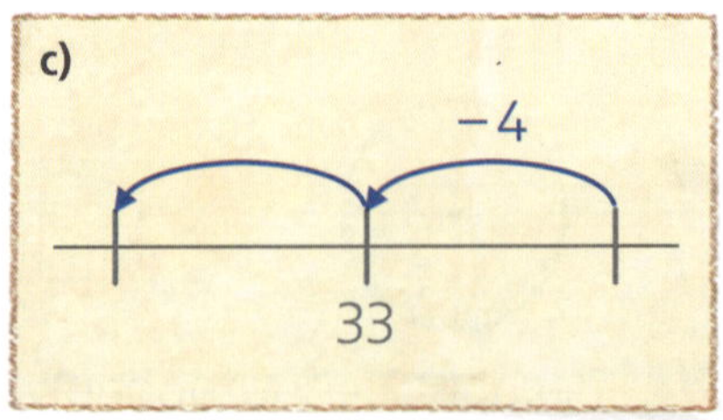

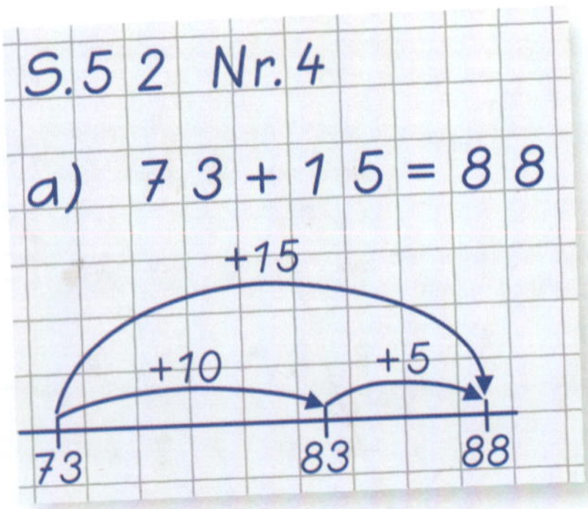

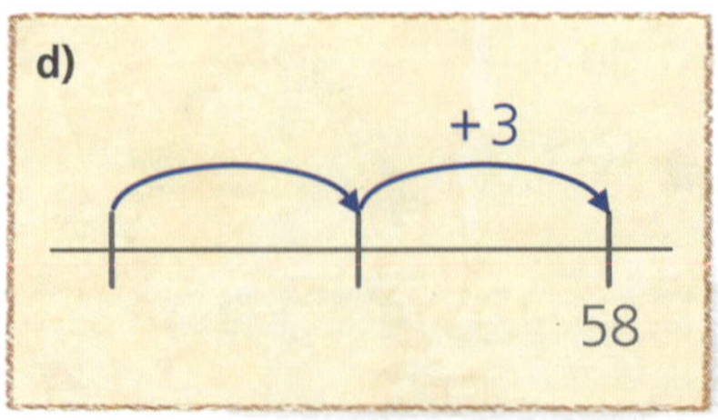

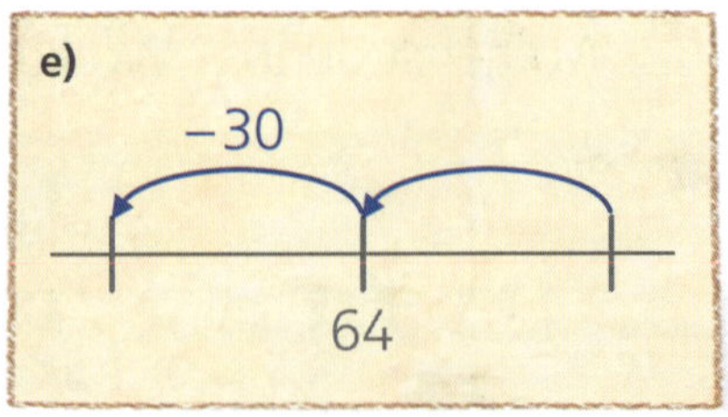

1 Verschiedene Möglichkeiten der Addition und Subtraktion am Rechenstrich kennenlernen

1

36 + 48

36 + 48 = 84
30 + 40 = 70
6 + 8 = 14

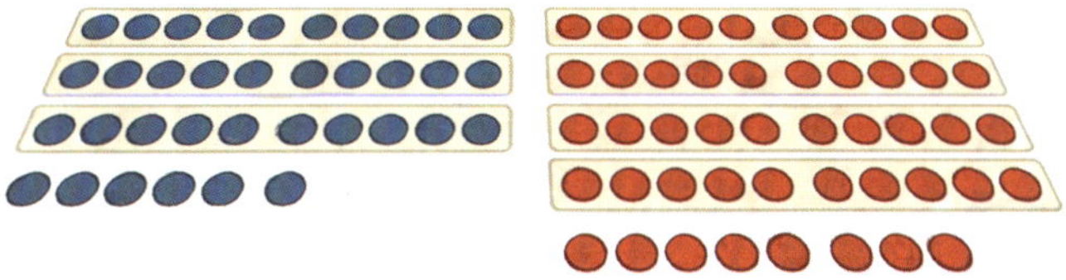

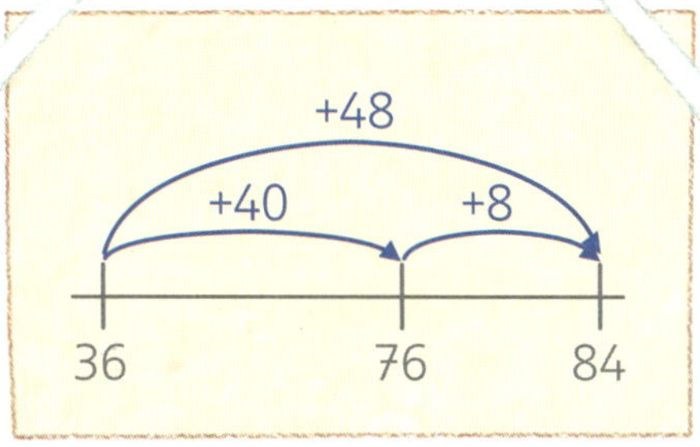

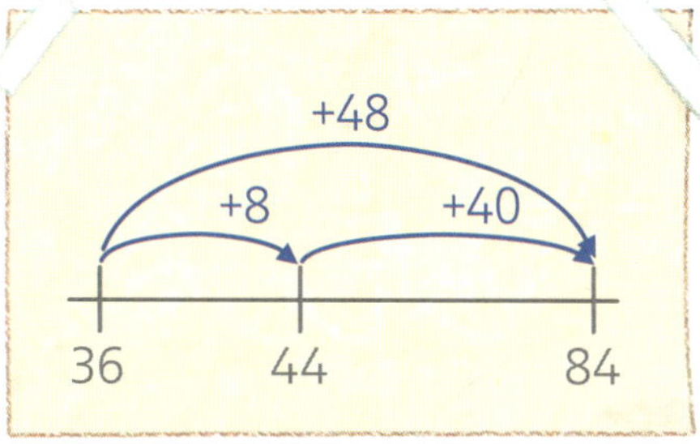

36 + 48 = 84
36 + 40 = 76
76 + 8 = 84

36 + 48 = 84
36 + 8 = 44
44 + 40 = 84

36 + 48 = 84
36 + 4 = 40
40 + 44 = 84

36 + 48 = 84
36 + 50 = 86
86 − 2 = 84

2 Rechnet die Aufgaben wie die Kinder.

1 Verschiedene Rechenwege aufzeigen und besprechen (Rechenkonferenz)
2 Rechenwege von Jannick, Paula und Marie nachvollziehen

1 Rechne wie Lars oder Paula.

a) 57 + 38 = ■
74 + 17 = ■
65 + 29 = ■
48 + 46 = ■

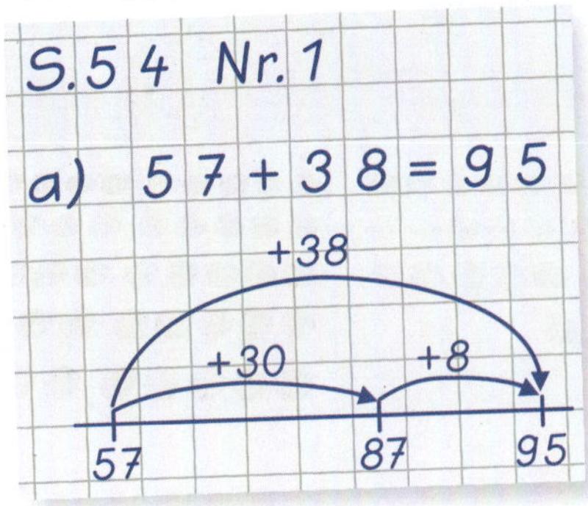

b) 49 + 26 = ■
35 + 48 = ■
67 + 16 = ■
56 + 39 = ■

c) 14 + 58 = ■
46 + 37 = ■
29 + 69 = ■
28 + 25 = ■

2 Rechne wie Jannick oder Luis.

a) 48 + 25 = ■
36 + 57 = ■
19 + 44 = ■
27 + 68 = ■

S. 54 Nr. 2
a) 48 + 25 = 73
48 + 20 = 68
68 + 5 = 73

b) 65 + 17 = ■
38 + 32 = ■
29 + 56 = ■
56 + 29 = ■

c) 37 + 46 = ■
54 + 28 = ■
18 + 73 = ■
49 + 37 = ■

3 Rechne wie Marie.

a) 26 + 36 = ■
48 + 17 = ■
23 + 59 = ■
64 + 33 = ■

S. 54 Nr. 3
a) 26 + 36 = 62
20 + 30 = 50
6 + 6 = 12

b) 25 + 59 = ■
67 + 17 = ■
49 + 26 = ■
37 + 53 = ■

c) 19 + 68 = ■
54 + 37 = ■
26 + 46 = ■
38 + 15 = ■

4 Rechne wie Hildir oder Lukas.

a) 35 + 59 = ■
64 + 19 = ■
26 + 39 = ■
37 + 48 = ■

b) 43 + 29 = ■
55 + 38 = ■
24 + 59 = ■
18 + 49 = ■

S. 54 Nr. 4
a) 35 + 59 = 94
35 + 60 = 95
95 − 1 = 94

oder

S. 54 Nr. 4
a) 35 + 59 = 94
34 + 60 = 94

5 Rechne auf deinem Weg.

a) 34 + 18 = ■
29 + 57 = ■
48 + 43 = ■
37 + 26 = ■

b) 55 + 36 = ■
39 + 49 = ■
47 + 28 = ■
64 + 19 = ■

c) 46 + 26 = ■
54 + 17 = ■
28 + 38 = ■
16 + 45 = ■

d) 38 + 53 = ■
27 + 67 = ■
55 + 19 = ■
46 + 28 = ■

1 a)

b)

c)

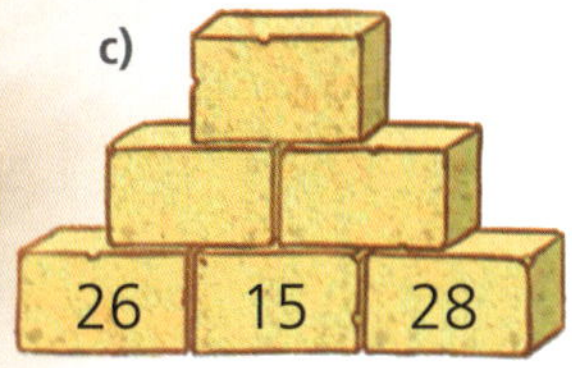

2 a)

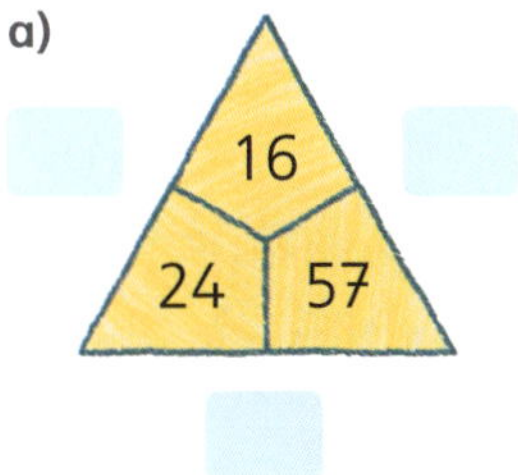

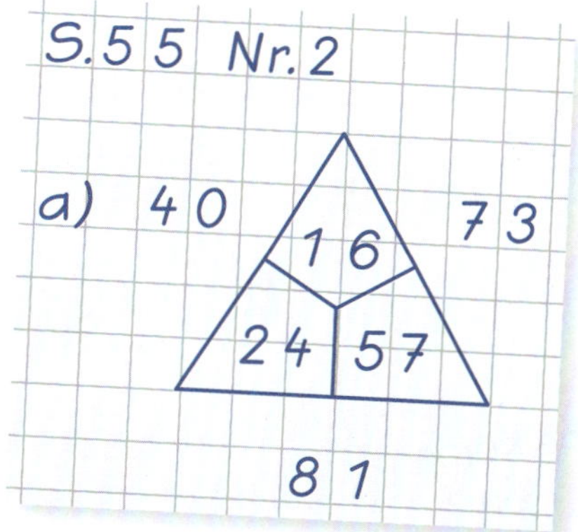

b)

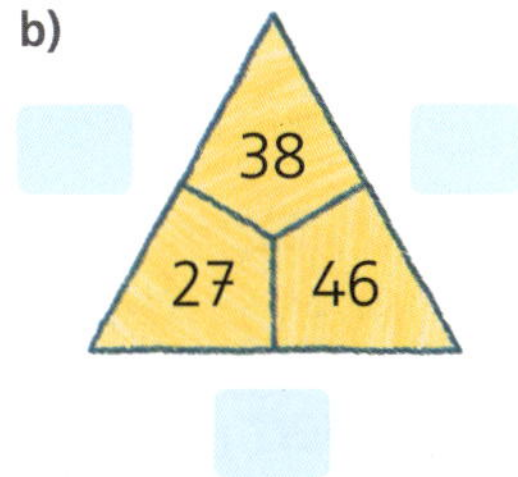

c)

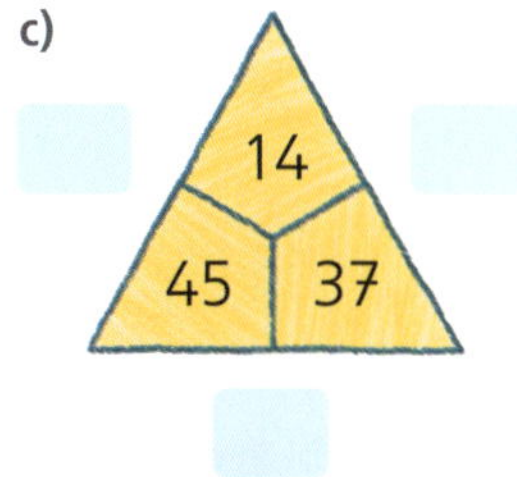

3 An der Astrid-Lindgren-Grundschule wird ein Theaterstück aufgeführt. Der Hausmeister soll eine passende Anzahl von Stühlen bereitstellen.

a) Wie viele Stühle braucht er für die ersten Klassen?

b) Wie viele Stühle braucht er für die zweiten Klassen?

c) Wie viele Stühle braucht er insgesamt?

Klasse	Schüler
1a	27
1b	26
2a	19
2b	19

4 Wie heißt der Lösungssatz?

R	B	F	N	S	I	E
51	58	64	73	84	89	92

15 + 43 = ☐
30 + 59 = ☐
79 + 13 = ☐
27 + 46 = ☐
34 + 58 = ☐
59 + 14 = ☐

45 + 19 = ☐
13 + 38 = ☐
55 + 37 = ☐
69 + 15 = ☐
22 + 62 = ☐
46 + 46 = ☐
27 + 24 = ☐

Ich heiße ☐☐☐☐☐☐☐☐☐☐☐☐ und bin einer der buntesten Vögel Europas.

1 Einführung der Verwendung eines Hilfszettels für Zwischenergebnisse oder Rechnungen

Quader | Würfel | Kugel | Zylinder | Pyramide | Kegel

1

Station 1

Ordnet Gegenstände den Körpern zu.

Station 2

Untersucht die Körper. Ordnet jedem Körper den passenden Steckbrief und das passende Namenskärtchen zu.

Station 3

Probiert aus: Welche Körper lassen sich gut stapeln? Welche lassen sich gut rollen?

Station 4

Welche Formen (△, □, ▭, ○) könnt ihr an den Seitenflächen der Körper entdecken? Stellt die Körper auf ein Blatt Papier. Zeichnet mit einem Stift um den Körper herum.

2 Baue die Quader nach. Wie viele Würfel benötigst du?

A

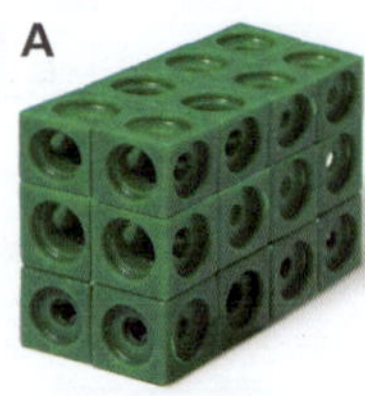

B

3 Baut den Würfel nach.

4 Wie viele Steckwürfel fehlen noch, damit ein Würfel entsteht?

A

B

C

1 Weitere Stationen und ausführliche Erläuterungen im Handbuch

1 Der Kunstmaler und Bildhauer Patrick Schaden aus Köln hat eine Skulptur aus Verpackungsmüll erstellt.
Welche der geometrischen Körper kennt ihr schon?

„Der Geobaum" (in der Entstehung) von Patrick Schaden 2012

„Der Geobaum" von Patrick Schaden 2012

2 Bringt die Bilder in die richtige Reihenfolge. Womit hat der Künstler begonnen?

A

B

C

D

E

3 Bringt alte Verpackungen, einen dicken Ast und starkes Klebeband mit.
Klebt eine Verpackung mit Klebeband an euren Ast und malt alles bunt an.
Stellt die Äste eurer Klasse in einer Vase zu einem großen „Geostrauß" zusammen oder baut aus euren Ästen einen Geobaum.

1 Geometrische Körper am Geobaum entdecken und benennen

Anmeldungen für das Schwimmfest der zweiten Klassen:

Klasse	Mädchen	Jungen
2a	12	10
2b	9	14
2c	16	8
2d	13	13

1 Die zweiten Klassen der Seeschule veranstalten ein Schwimmfest.

a) Wie viele Jungen machen mit?

S. 58 Nr. 1
a) 10 + 14 +
Es machen ____ Jungen mit.

b) Wie viele Mädchen machen mit?

c) Wie viele Kinder haben sich angemeldet?

2 Aus jeder Klasse haben einige Kinder am Streckentauchen teilgenommen.

a) Welches Kind ist am weitesten getaucht?

b) In der Klassenwertung werden immer die besten drei Ergebnisse zusammengezählt. Welche Klasse hat die Klassenwertung gewonnen?

2a	
Till	6 m
Klara	9 m
Luisa	7 m
Nelio	13 m

2b	
Liz	12 m
Lukas	5 m
Ayse	11 m
Merle	4 m

2c	
Paul	6 m
Hanna	9 m
Jan	10 m
Eliah	7 m

2d	
Mia	5 m
Tobi	14 m
Nils	8 m
Olivia	9 m

3 Die Kinder schwimmen sich für den Staffelwettbewerb warm. Auf Bahn 1 sind 14 Kinder, auf Bahn 2 sind 8 Kinder, auf Bahn 3 sind 11 Kinder und auf Bahn 4 sind 15 Kinder. Wie viele Kinder schwimmen sich warm?

4 Rechne geschickt.

a) 13 + 12 + 17 = ■
8 + 28 + 32 = ■
30 + 6 + 16 = ■

b) 12 + 18 + 12 + 18 = ■
11 + 29 + 36 + 14 = ■
35 + 26 + 25 + 13 = ■

c) 33 + 22 + 5 + 34 + 4 = ■
8 + 9 + 10 + 11 + 12 = ■
15 + 15 + 16 + 15 + 15 = ■

1–3 Lösungsweg und passenden Antwortsatz im Heft notieren (Aufgaben ggf. mithilfe von Material lösen)
4 Verschiedene Möglichkeiten des geschickten Rechnens entdecken

1 Beim Staffelwettbewerb mit Schwimmflossen gibt es elf 4er-Staffeln.

a) Wie viele Kinder sind insgesamt in den Staffeln?

S. 59 Nr. 1

a) 4 + 4 + 4 +

In den Staffeln sind ____ Kinder.

b) Wie viele Schwimmflossen werden gebraucht, wenn jedes Kind ein Paar Flossen bekommen soll?

2 Beim Ringetauchen treten immer 5 Kinder gegeneinander an. Jedes Kind muss 3 Ringe heraufholen. Wie viele Ringe werden benötigt?

3 Im Brustschwimmen muss jedes Kind 4 Bahnen schwimmen. Jede Bahn ist 25 m lang. Wie viel Meter muss jedes Kind schwimmen?

4 Jede Bahn wurde mit einer 25 Meter langen Trennleine abgetrennt.

a) Wie viel Meter Trennleine braucht man, um 5 Bahnen abzutrennen? Eine Skizze kann dir helfen.

b) Wie viel Meter Trennleine braucht man, um 6 Bahnen abzutrennen?

5 Die drei besten Schüler der einzelnen Wettbewerbe erhalten einen Preis. Dafür hat die Direktorin 6 Spiele für je 8 €, 6 Bücher für je 5 € und 6 Jo-Jos für je 3 € gekauft.

a) Wie viel hat sie für die Spiele bezahlt?

b) Wie viel hat sie für die Bücher bezahlt?

c) Wie viel hat sie für die Jo-Jos bezahlt?

d) Wie viel Geld hat sie insgesamt ausgegeben?

6

a)	b)	c)
5 + 5 + 5 = ■	8 + 8 + 8 + 8 = ■	6 + 6 + 6 + 6 + 6 = ■
0 + 0 + 0 = ■	11 + 11 + 11 + 11 = ■	12 + 12 + 12 + 12 + 12 = ■
33 + 33 + 33 = ■	3 + 3 + 3 + 3 = ■	7 + 7 + 7 + 7 + 7 = ■
26 + 26 + 26 = ■	15 + 15 + 15 + 15 = ■	14 + 14 + 14 + 14 + 14 = ■
14 + 14 + 14 = ■	16 + 16 + 16 + 16 = ■	0 + 0 + 0 + 0 + 0 = ■

1–5 Lösungsweg und passenden Antwortsatz im Heft notieren
(Aufgaben ggf. mithilfe von Material lösen)

1 Spielt nach.

8-mal

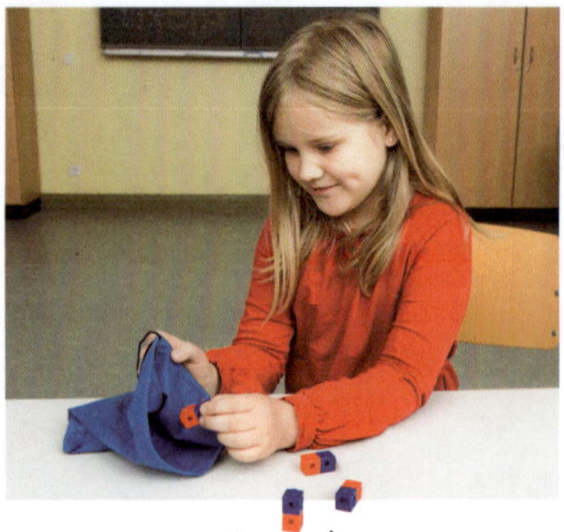
4-mal

9-mal

2 Schreibe zu jedem Bild die passende Malaufgabe.

a)

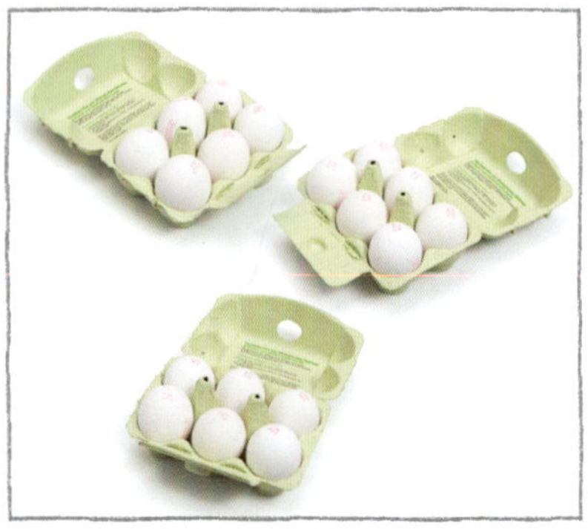

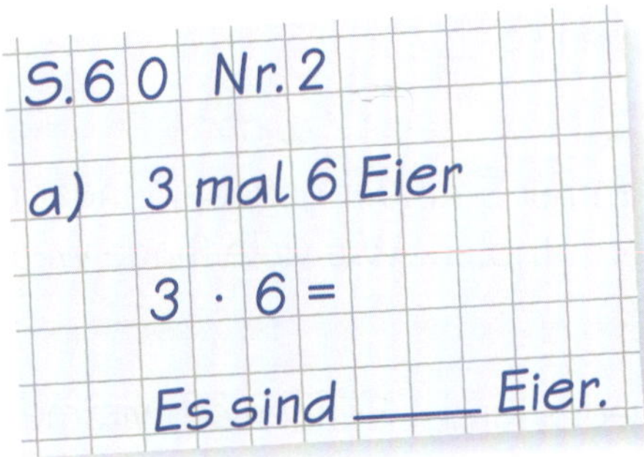

b)

c)

d)

e)

3 Schreibe zu jedem Punktebild die passende Malaufgabe.

a)

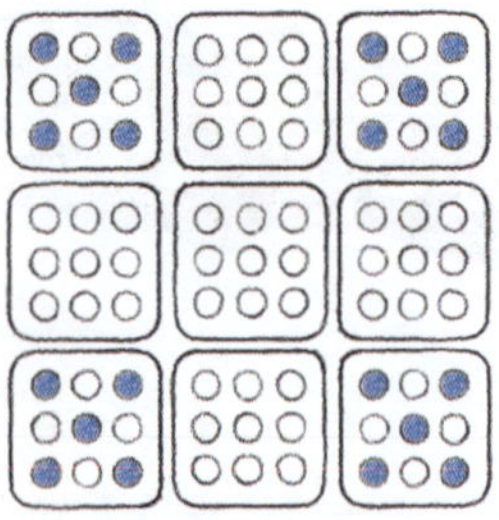

■ · ■ = ■

b)

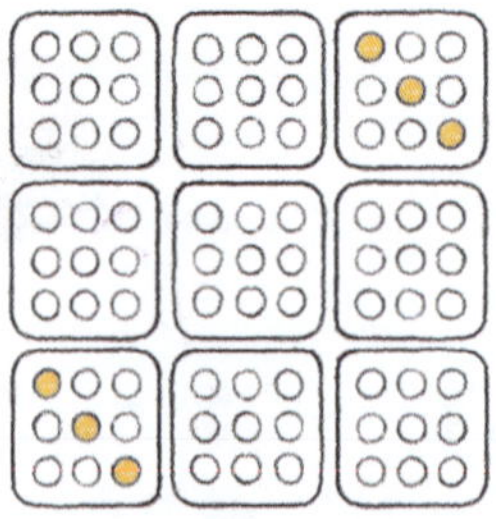

■ · ■ = ■

c)

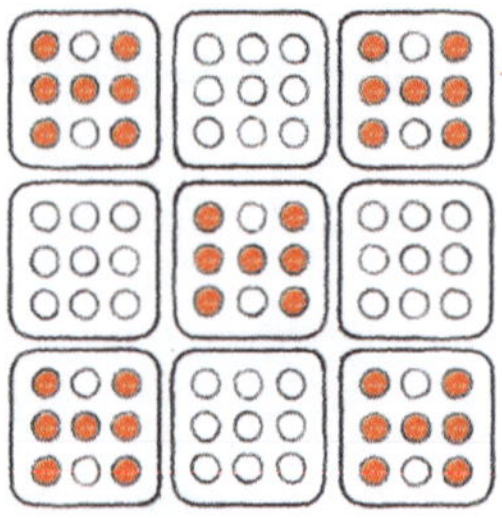

■ · ■ = ■

d)

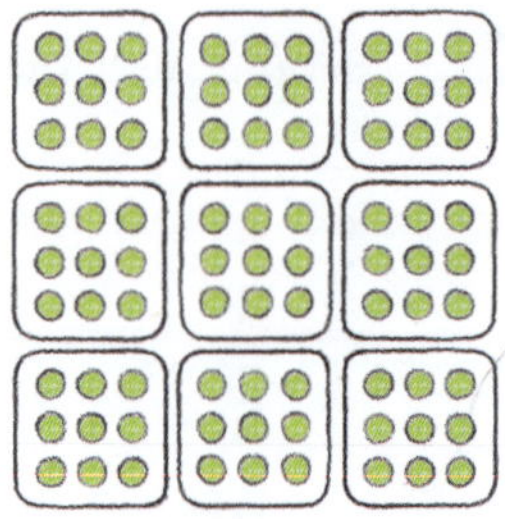

■ · ■ = ■

4 Erfinde selbst Punktebilder. Schreibe die passenden Malaufgaben dazu.

1 8-mal klatschen, 4-mal Steckwürfelpaar in Beutel stecken, 9-mal mit vier Stiften Punktebild herstellen
4 Kopiervorlage nutzen

1 Schreibt Plus- und Malaufgaben zu den Bildern.

a)

b)

c)

2 Schreibe zu jedem Bild die passende Plus- und Malaufgabe.

a)

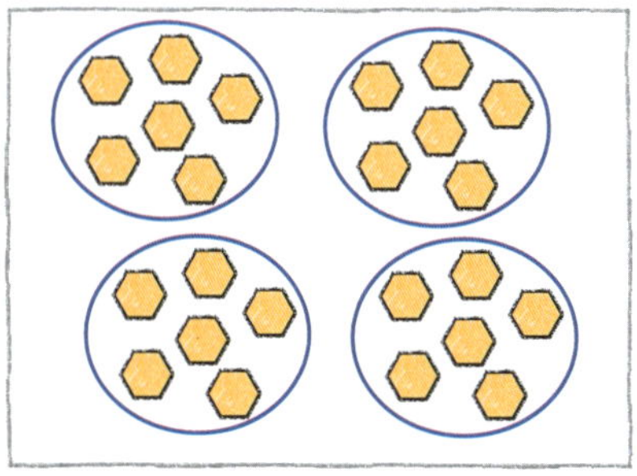

b)

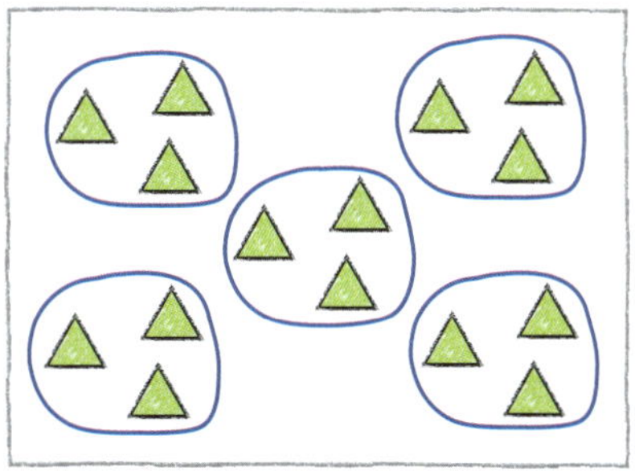

c)

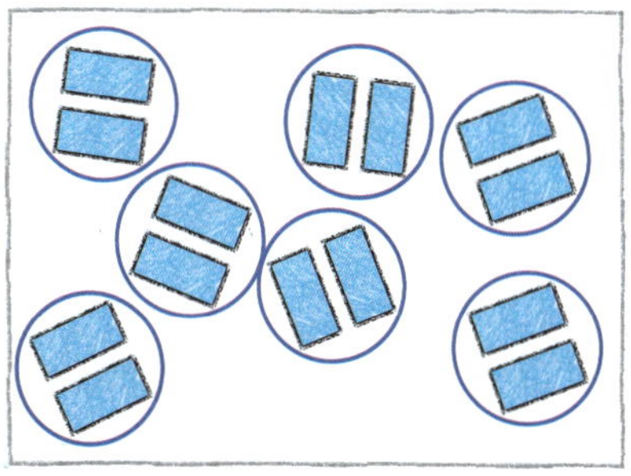

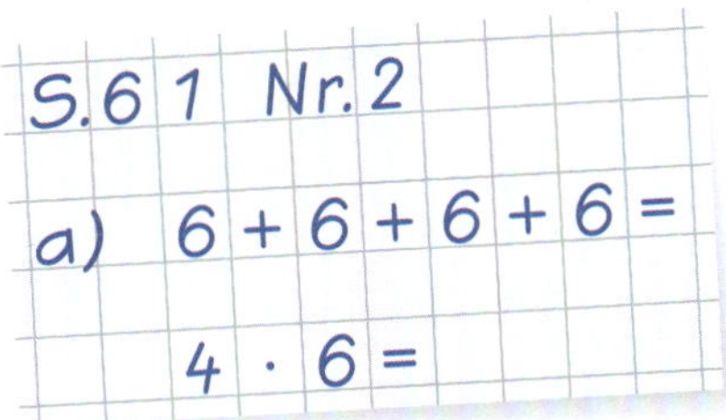

d)

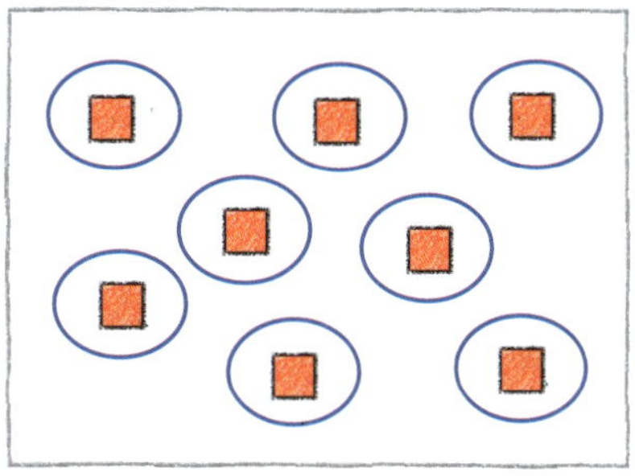

e)

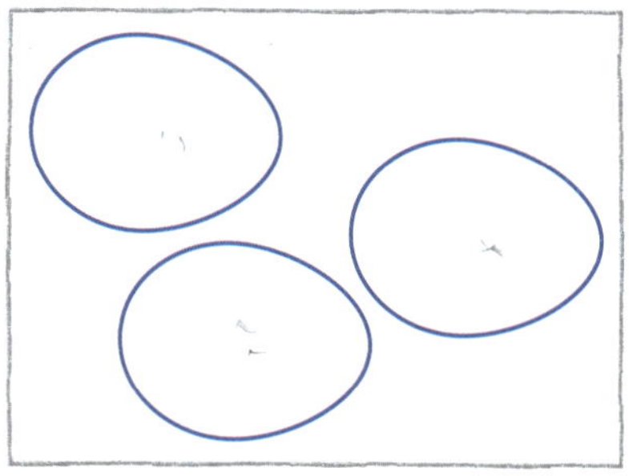

3 Zeichne zu jeder Aufgabe ein Punktebild. Schreibe die passende Plus- und Malaufgabe dazu. Denke an den Antwortsatz.

a) Ein Lkw fährt 4-mal. Er transportiert jedes Mal 5 Kisten.

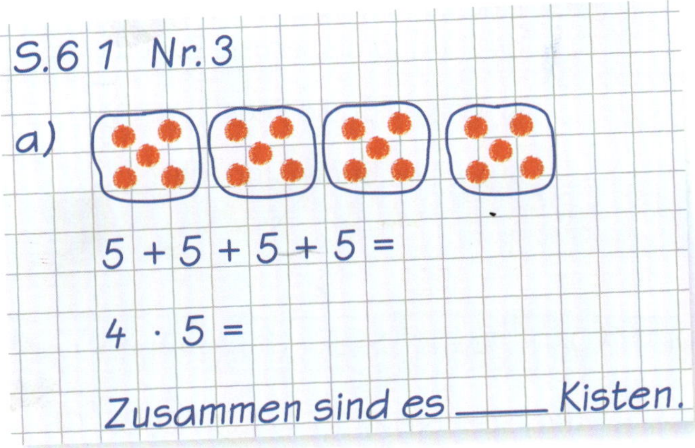

b) Es sind 2 Vasen. In jeder stecken 7 Rosen.

c) Es sind 6 Dosen. In jeder Dose sind 4 Würstchen.

d) Lena baut 7 Türme mit je 3 Steckwürfeln.

1 Multiplikation als Vereinfachung der fortgesetzten Addition thematisieren

1 a) Setzt euch in den Stuhlkreis und zählt reihum. Beginnt mit der Eins. Jedes dritte Kind steht auf, wenn es seine Zahl sagt.

b) Fangt auch bei anderen Zahlen an und wählt andere Abstände zwischen den Kindern, die aufstehen sollen.

c) Bei den Zahlen 4, 8, 12 und 16 sind bereits Kinder aufgestanden. Findet die nächsten Zahlen heraus, bei denen die Kinder aufstehen müssen.

2 Setze die Zahlenfolgen fort.

a) 20, 23, 26, … 47 b) 49, 51, 53, … 67 c) 30, 35, 40, … 75

d) 1, 9, 17, … 73 e) 21, 28, 35, … 84 f) 1, 12, 23, … 100

3 Finde zu jeder Regel eine Zahlenfolge. Schreibe immer die ersten 6 Zahlen auf. Deine Startzahl kannst du dir selbst aussuchen.

a) Regel: immer + 2
b) Regel: immer + 6
c) Regel: immer + 10
d) Regel: immer + 8

S.62 Nr.3
a) Regel: immer + 2
8, 10, 12, 14, 16, 18

4 Deine Startzahl heißt 0. Wie viele Schritte brauchst du jeweils bis zur Zahl 30?

a) Regel: immer + 10 b) Regel: immer + 5

c) Regel: immer + 6 d) Regel: immer + 3

e) Finde noch eine weitere Regel, mit der du von der Startzahl 0 genau zur Zahl 30 kommen kannst.

5 Eine Zahlenfolge mit der Regel: immer + 4 hat als siebte Zahl die 45.

a) Wie heißt die zehnte Zahl?

b) Wie heißt die Startzahl?

6 Eine Zahlenfolge hat als dritte Zahl die 11 und als sechste Zahl die 26.

a) Wie heißt die Regel?

b) Wie heißt die Startzahl?

7 Setze fort.

A	B	C	D	E	F	G	H	I	J	K	L	M	N	O	P	Q	R	S	T	U	V	W	X	Y	Z

a) A, C, E, G, … b) AB, FG, KL, … c) ABC, FGH, KLM, … d) AD, BE, CF, …

1 Baut die 2er-Reihe mit Steckwürfeln und zeichnet in euer Heft.

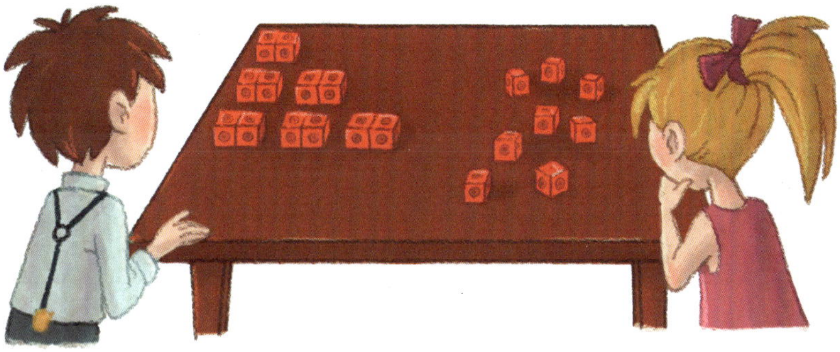

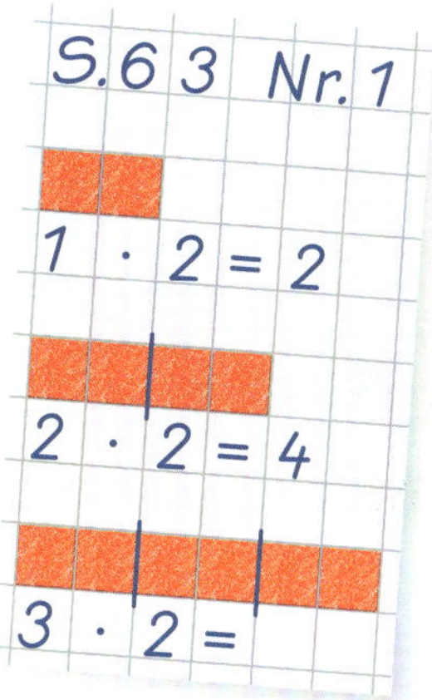

2

1 · 2 = ■
2 · 2 = ■
3 · 2 = ■
4 · 2 = ■
5 · 2 = ■
6 · 2 = ■
7 · 2 = ■
8 · 2 = ■
9 · 2 = ■
10 · 2 = ■

3

Kinder	1	2	3	4	5			8		10
Füße	2	4				12	14		18	

4 Regel: immer + 2

Zeichne in dein Heft bis zur Zahl 20.

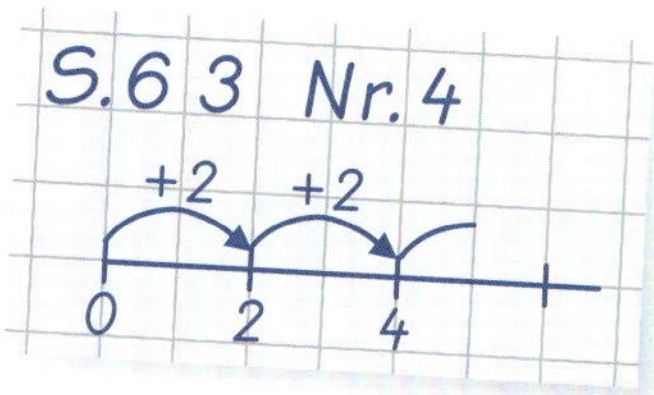

5

Hände	1	2	3			6		8	9	
Finger	5	10		20	25		35			50

6 Regel: immer + 5

Zeichne in dein Heft bis zur Zahl 50.

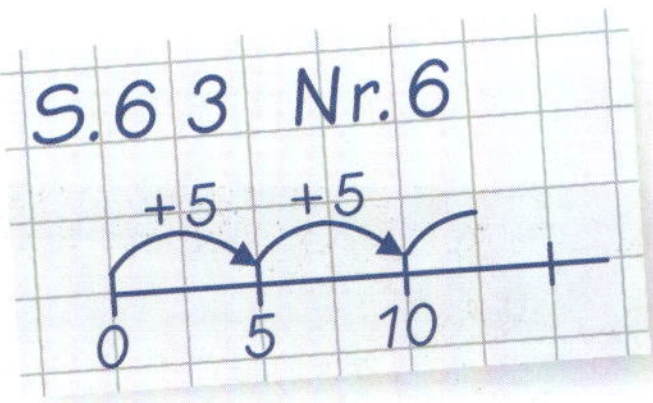

7

1 · 5 = ■
2 · 5 = ■
3 · 5 = ■
4 · 5 = ■
5 · 5 = ■
6 · 5 = ■
7 · 5 = ■
8 · 5 = ■
9 · 5 = ■
10 · 5 = ■

8 Male die passenden Punktebilder zu den Aufgaben.

a) 3 · 5 = ■ b) 8 · 5 = ■
c) 6 · 5 = ■ d) 1 · 5 = ■
e) 4 · 5 = ■ f) 7 · 5 = ■

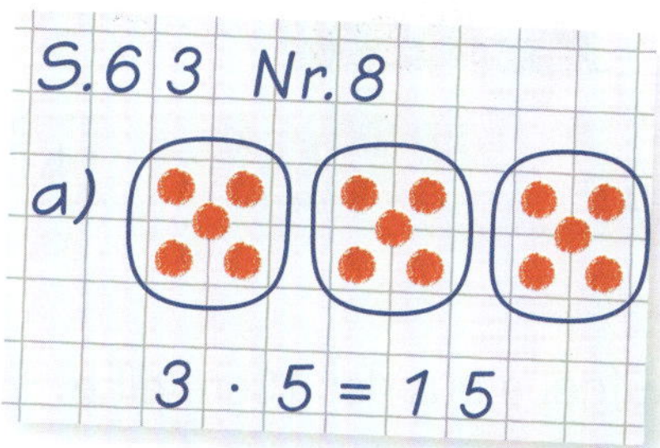

9 a) 3 · 2 = ■
8 · 2 = ■
4 · 2 = ■
6 · 2 = ■

b) ■ · 2 = 10
■ · 2 = 14
■ · 2 = 4
■ · 2 = 20

10 a) 6 · 5 = ■
5 · 5 = ■
8 · 5 = ■
1 · 5 = ■

b) ■ · 5 = 45
■ · 5 = 15
■ · 5 = 35
■ · 5 = 20

1

2 Bei den Aufgaben 8 · 5 und 4 · 10 kommt das gleiche Ergebnis heraus.

a) Erklärt es mithilfe des Bildes.

b) Zeichnet ein solches Bild für die Aufgabe 6 · 5. Welche Aufgabe aus der 10er-Reihe passt dazu?

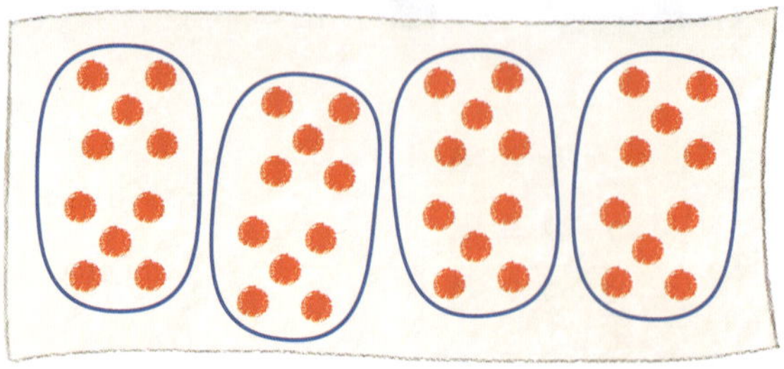

3 Warum passen die 5er-Reihe und die 10er-Reihe gut zusammen? Findet eine eigene Erklärung und stellt sie eurer Klasse vor.

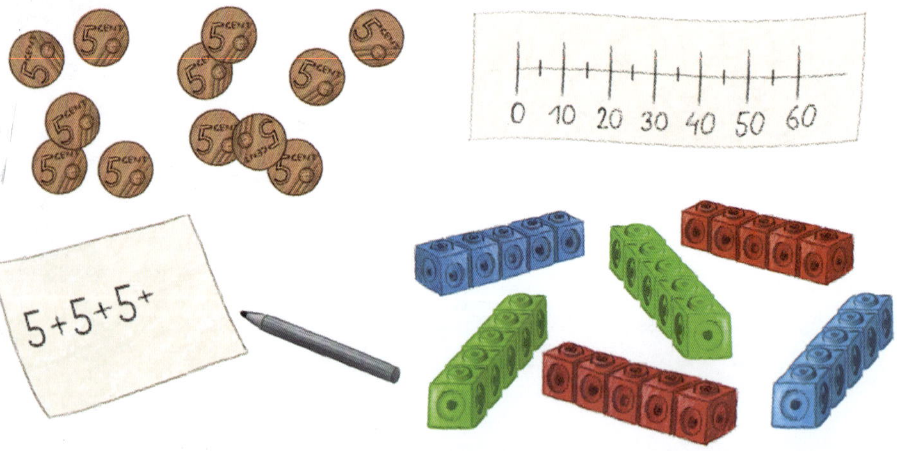

4

1 · 10 = ■
2 · 10 = ■
3 · 10 = ■
4 · 10 = ■
5 · 10 = ■
6 · 10 = ■
7 · 10 = ■
8 · 10 = ■
9 · 10 = ■
10 · 10 = ■

5 Immer zwei Aufgaben haben dasselbe Ergebnis. Wie heißt das Lösungswort?

2	1 · 10
6	10 · 5
1	8 · 5
5	4 · 5
3	6 · 5
4	6 · 10

3 · 10	G
12 · 5	U
5 · 10	E
4 · 10	S
2 · 5	E
2 · 10	K

1	2		3	4		5	6
		E			R		

6 Schreibe die passende Aufgabe aus der 10er-Reihe.

a) 8 · 5 = ■

b) 4 · 5 = ■

c) 2 · 5 = ■

d) 10 · 5 = ■

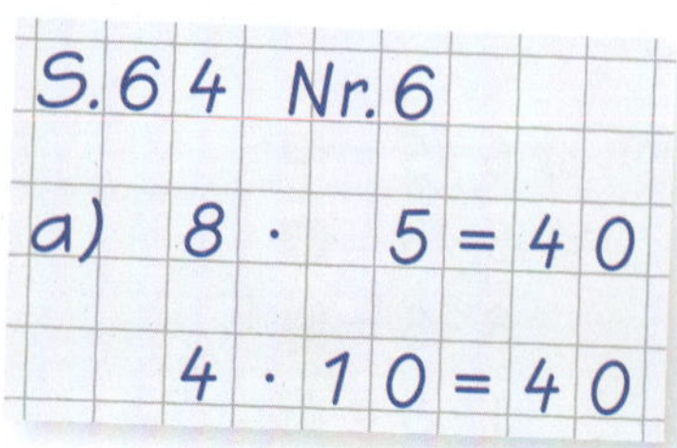

e) 0 · 5 = ■

f) 6 · 5 = ■

g) 12 · 5 = ■

h) 14 · 5 = ■

1 Zusammenhang zwischen 5er- und 10er-Reihe feststellen
3 Eigene Begründung für den Zusammenhang der 5er- und 10er-Reihe finden

1

2 Rechne zuerst die Kernaufgabe.

a) 6 · 5 = ■
5 · 5 = ■

b) 4 · 5 = ■
5 · 5 = ■

S. 65 Nr. 2
a) 6 · 5 =
5 · 5 = 25

c) 9 · 2 = ■
10 · 2 = ■

d) 4 · 2 = ■
5 · 2 = ■

e) 9 · 5 = ■
10 · 5 = ■

f) 6 · 2 = ■
5 · 2 = ■

g) 3 · 2 = ■
2 · 2 = ■

h) 3 · 5 = ■
2 · 5 = ■

3 Benutze den Trick der Kernaufgaben. Zeichne die Tabelle in dein Heft.
Ordne die passenden Aufgaben zu und trage sie ein.

Aufgabe	Trick	Ergebnis
3 · 5	2 · 5 + 1 · 5	10 + 5 = 15
	5 · 5 + 1 · 5	
		50 − 10 = 40
7 · 5		
	10 · 5 − 1 · 5	

25 + 10 = 35 | 9 · 5 | 50 − 5 = 45 | 10 + 5 = 15 | 2 · 5 + 1 · 5 | 8 · 5 | 6 · 5 | 10 · 5 − 2 · 5 | 25 + 5 = 30 | 5 · 5 + 2 · 5

4 a)

b)

1 a) 12 + 27 = ■
53 + 24 = ■
35 + 13 = ■
24 + 45 = ■

b) 59 − 21 = ■
65 − 33 = ■
87 − 12 = ■
54 − 23 = ■

2 a) 27 + 59 = ■
19 + 65 = ■
53 + 38 = ■
45 + 47 = ■

b) 68 + 28 = ■
77 + 19 = ■
38 + 17 = ■
65 + 29 = ■

3 Welchen Körperformen sehen die Gegenstände ähnlich? Ordne zu.

Quader | Würfel | Kugel | Zylinder | Pyramide | Kegel

4 Schreibe zu jedem Bild die passende Plus- und Malaufgabe.

a) 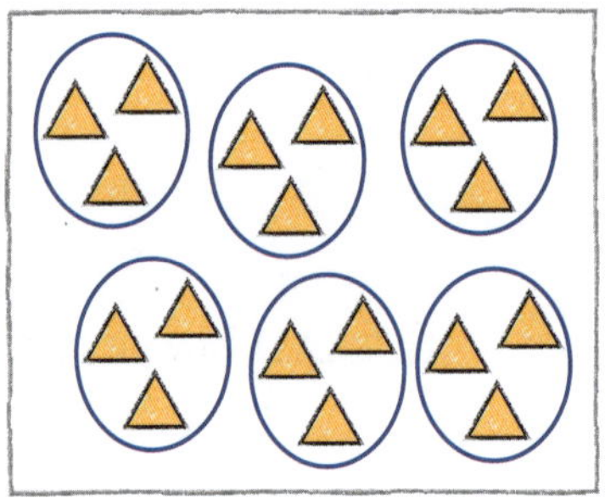

b) 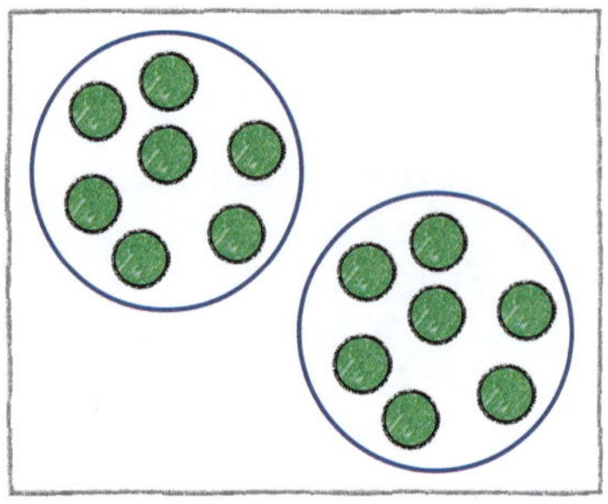

c) 

5 Zeichne zu jeder Aufgabe ein Punktebild. Schreibe die passende Plus- und Malaufgabe dazu. Denke an den Antwortsatz.

a) Es sind 4 Teller. Auf jedem sind 3 Äpfel.

b) Es sind 4 Tüten. In jeder sind 2 Brezeln.

c) Es sind 2 Netze. In jedem sind 5 Zitronen.

d) Ein Lkw fährt 2-mal. Er transportiert jedes Mal 8 Kisten.

6 Setze die Zahlenfolgen fort.

a) 13, 19, 25, … 67

b) 34, 39, 44, … 79

c) 8, 16, 24, … 80

7 a) 8 · 2 = ■
4 · 2 = ■
6 · 2 = ■
3 · 2 = ■

b) 7 · 5 = ■
0 · 5 = ■
4 · 5 = ■
9 · 5 = ■

c) 10 · 10 = ■
9 · 10 = ■
8 · 10 = ■
7 · 10 = ■

d) 5 · 5 = ■
9 · 2 = ■
3 · 10 = ■
0 · 2 = ■

e) 8 · 5 = ■
2 · 10 = ■
2 · 2 = ■
6 · 5 = ■

Aufgaben zur Selbsteinschätzung als Kopiervorlage im Handbuch

1 Bilde mit je zwei Zahlen Plusaufgaben.

34 19 35 43 28 54

a) Das Ergebnis soll größer als 70 sein.

b) Das Ergebnis soll kleiner als 60 sein.

c) Das Ergebnis soll zwischen 80 und 90 liegen.

2 Rechne geschickt.

a) 17 + 63 + 12 = ■
28 + 55 + 15 = ■
34 + 29 + 26 = ■
53 + 17 + 17 = ■

b) 21 + 39 + 17 + 13 = ■
36 + 25 + 5 + 14 = ■
19 + 18 + 12 + 11 = ■
26 + 24 + 24 + 16 = ■

c) 38 + 12 + 19 + 21 = ■
37 + 24 + 13 + 26 = ■
20 + 19 + 21 + 26 = ■
34 + 34 + 15 + 16 = ■

3 Sina kauft ein Paar Turnschuhe und ein Paar Socken.
Sie bezahlt mit zwei Scheinen und bekommt 13 € zurück.

a) Wie viel kostet es?

b) Mit welchen Scheinen hat Sina bezahlt?

4

a) Wie viel kosten sechs Witze?

b) Wie viel kostet ein Witz?

c) Maja und Tom haben jeder 7 € und 50 ct.
Wie viele Witze können sie zusammen kaufen?

d) In einer Stunde hat der Witzeerzähler 36 Witze erzählt.
Wie viel hat er in dieser Stunde verdient?

e) Herr Keller bezahlt mit einem 50-Euro-Schein und bekommt 46 € und 50 ct zurück. Wie viele Witze hat er gekauft?

f) Der Witzeerzähler hat an einem Tag 51 € eingenommen.
Wie viele Witze hat er erzählt?

5 Es lassen sich immer zwei Teile zu einem Würfel zusammenbauen. Finde die Paare.

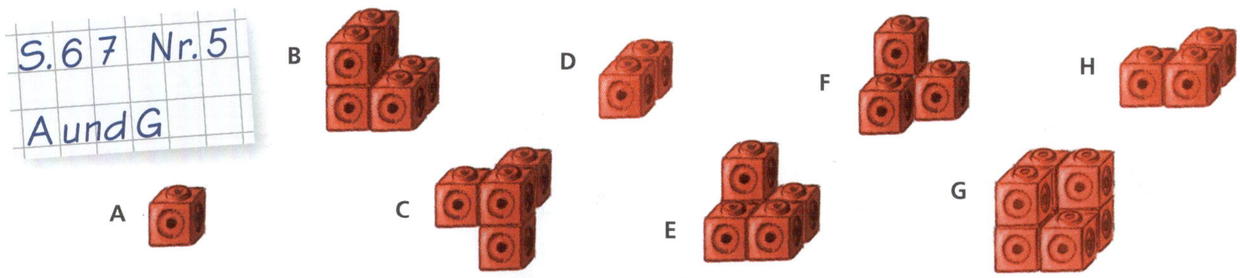

6 Setze die richtigen Ziffern ein. Gleiches Zeichen bedeutet gleiche Ziffer.

a) ■▲ + ■▲ = 54
■▲ + ▲■ = ▯▯

b) ☆☆ + ▽ = ▽●●
▽☆ + ▽ = 20

c) ♥▮ + ♥▮ = △▮
△▮ + ♥▮ = 60

1

2 Baue die Gebäude nach. Ordne den passenden Bauplan zu.
Ein Gebäude lässt sich nicht zuordnen.

S. 68 Nr. 2
A: 3

A B C D E

1

		1
3	1	1

2

		1
1	1	2

3

		1
2	1	1

4

		1
1	2	1

3 Baut die Gebäude zu den vorgegebenen Bauplänen.

a)

3	2	2	3
2	1	1	2

b)

4	1	1	2
2	2	1	1

c)

1	3	3	1
1	3	3	1

d)

2	3	2	3
3	1	1	2

e)

2	1	2	
1		1	2

f)

4	1	2	3
2			2

g)

2	2	3	1
1			2
			1

h)

3			
2	1	2	
		3	3

4 Zeichne die Baupläne und bestimme die Anzahl der Würfel.

a) b) c)

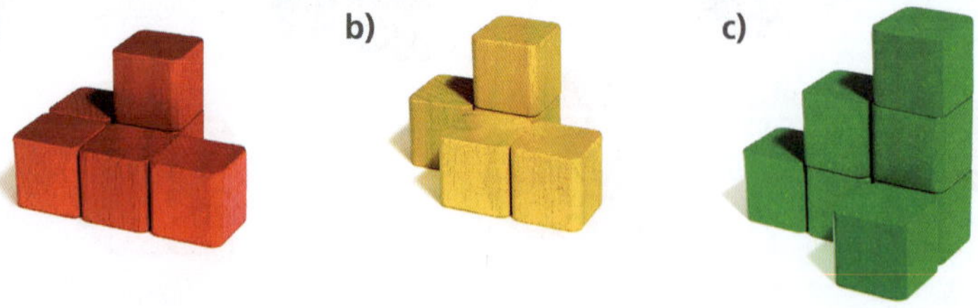

S. 68 Nr. 4

a)

1	2	
1	1	1

Es sind ___ Würfel.

5 Erfinde eigene Baupläne und lass deinen Partner die dazu passenden Gebäude bauen.

1 Würfelgebäude genau beschreiben und deren Aufzeichnung im Bauplan besprechen

1

2 Baue die Würfelgebäude nach.
Welche drei Ansichten gehören jeweils zu einem Gebäude?

S.69 Nr.2
A: 2,

A B C

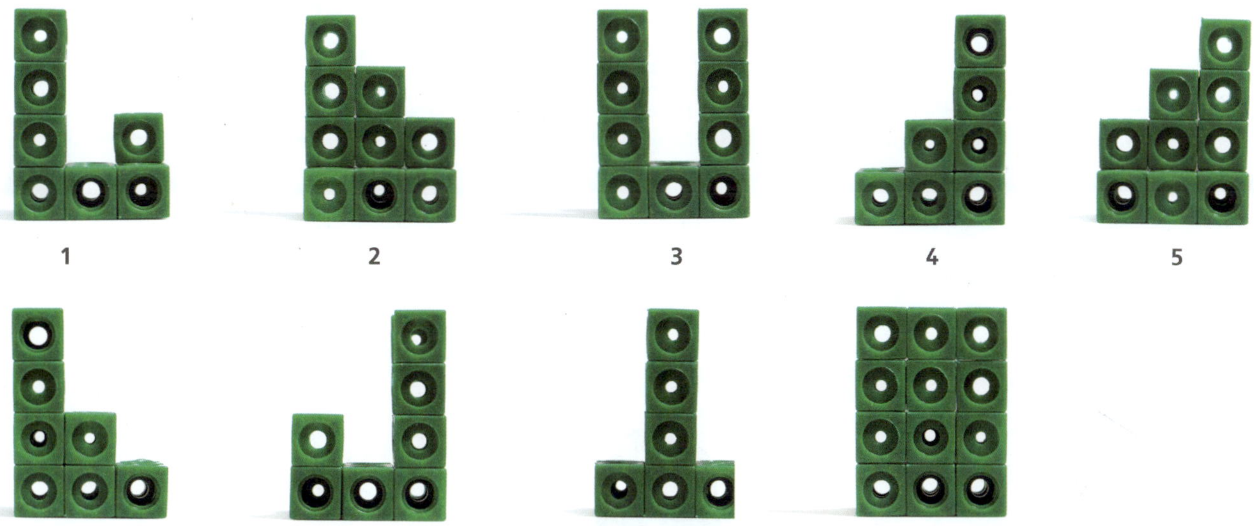
1 2 3 4 5
6 7 8 9

3 Baut Würfelgebäude, die diese Vorderansicht haben.
Was fällt euch auf?

1 Über verschiedene Ansichten von Würfelgebäuden sprechen
3 Entdecken, dass verschiedene Würfelgebäude dieselbe Ansicht haben können

1

2 Rechnet die Aufgaben wie die Kinder.

1 Verschiedene Rechenwege aufzeigen und besprechen (Rechenkonferenz); dabei herausstellen, dass der Rechenweg von Marie nicht geht
2 Rechenwege von Hannes und Elisa nachvollziehen

1 Rechne wie Elisa oder Timo.

a) 75 − 49
91 − 56
86 − 33
52 − 28

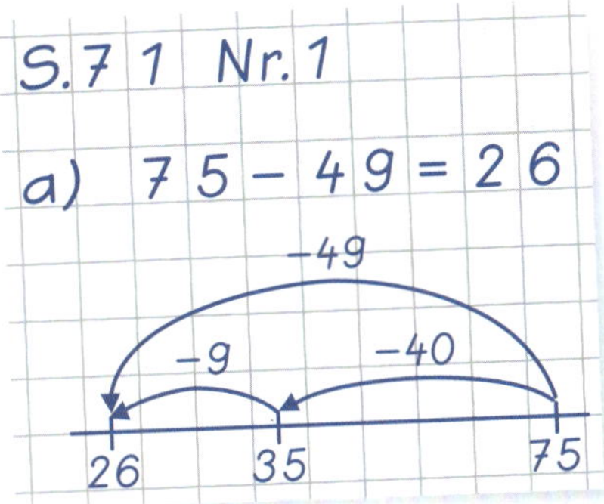

b) 63 − 17
44 − 25
71 − 42
82 − 36

c) 52 − 36
75 − 28
93 − 74
84 − 62

2 Rechne wie Rahima oder Hannes.

a) 74 − 25
92 − 38
56 − 17
61 − 24

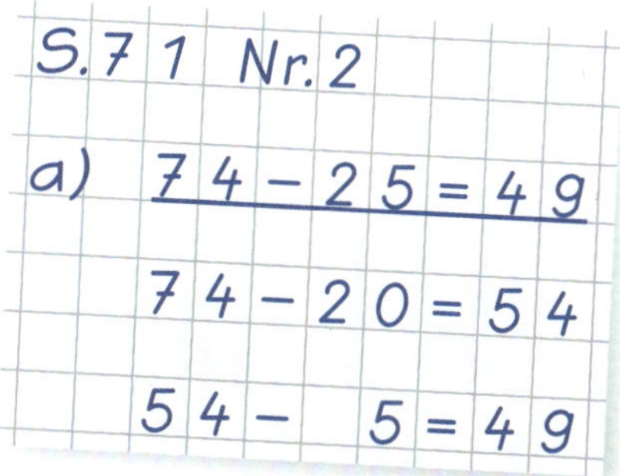

b) 64 − 16
51 − 27
76 − 45
93 − 88

c) 62 − 39
71 − 47
94 − 68
53 − 35

3 Rechne wie Rafael.

a) 64 − 19
73 − 28
92 − 49
56 − 39

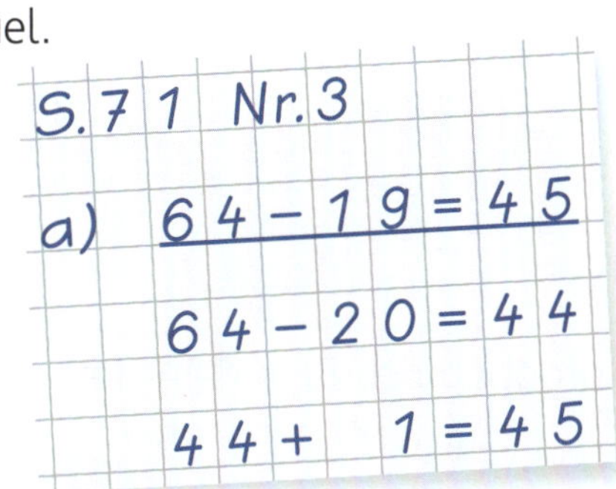

b) 82 − 48
65 − 19
74 − 29
93 − 68

c) 36 − 19
54 − 38
91 − 79
72 − 49

4 Rechne auf deinem Weg.

a) 54 − 28
72 − 36
83 − 44
94 − 57

b) 46 − 19
92 − 58
54 − 37
63 − 25

c) 93 − 47
45 − 26
76 − 38
62 − 15

d) 94 − 76
82 − 47
35 − 18
73 − 25

5 Wie heißt der Lösungssatz?

A	N	R	E	L	T	Z	G
26	28	29	37	46	48	55	62

76 − 28 = ☐
57 − 31 = ☐
68 − 40 = ☐
84 − 29 = ☐

97 − 35 = ☐
44 − 18 = ☐
68 − 39 = ☐
74 − 46 = ☐

46 − 9 = ☐
59 − 13 = ☐
98 − 61 = ☐

Ich bin eine ☐☐☐☐☐☐☐☐☐☐☐
und lebe in tropischen Meeren.

1 Kontrolliere mit der Hundertertafel. Ein Kontrollbild bleibt übrig.

a) 75 − 28
80 − 44
67 − 9
85 − 16

b) 94 − 80
52 − 37
56 − 32
74 − 49

c) 61 − 53
57 − 48
33 − 14
85 − 65

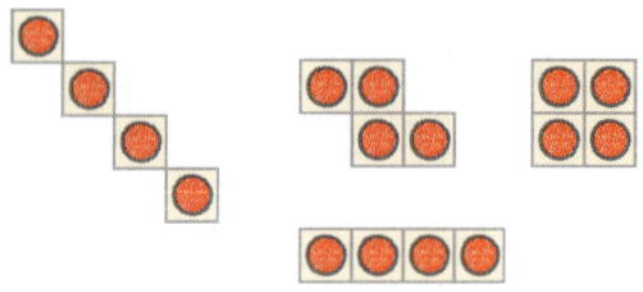

2 Setze fort.

a) 63 − 29
63 − 30
63 − 31

b) 81 − 48
82 − 49
83 − 50

c) 54 − 19
54 − 20
54 − 21

d) 72 − 38
73 − 38
74 − 38

e) 45 − 18
45 − 17
45 − 16

3 **a)**

−	5	7	12	17
17				
37				
77				

b)

−	2	5	12	15
12				
42				
92				

c)

−	8	27		53
41			0	
85				
	82			

4 Finde die 6 Fehler. Schreibe die falschen Aufgaben richtig in dein Heft.

a) 61 − 39 = 22
55 − 28 = 27
83 − 46 = 43
74 − 57 = 17
62 − 45 = 27

b) 62 − 27 = 35
86 − 49 = 36
54 − 16 = 38
40 − 34 = 74
91 − 55 = 36

c) 34 − 17 = 17
72 − 46 = 16
95 − 77 = 18
43 − 19 = 23
86 − 68 = 18

5 Kontrolliere jede Aufgabe mit der Umkehraufgabe.

a) 85 − 26
47 − 8
92 − 57
68 − 34
51 − 15

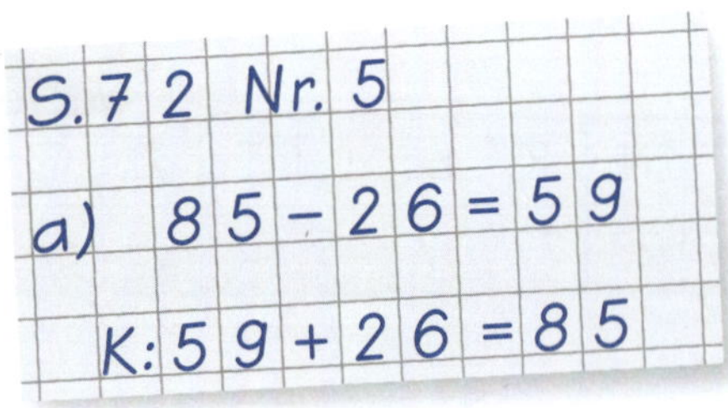

b) 73 − 47
46 − 12
62 − 5
54 − 29
87 − 68

c) 66 − 27
84 − 39
72 − 44
53 − 7
45 − 18

6 Karlotta hat 94 € Taschengeld gespart.

a) Sie möchte sich einen Roller kaufen.
Wie viel Geld hat sie dann noch?

b) Wie viel Geld hätte Karlotta noch, wenn sie statt des Rollers ein Skateboard gekauft hätte?

1 Selbstkontrolle mit der Hundertertafel (Beilage 1)
6 Lösungsweg und passenden Antwortsatz im Heft notieren

1 Finde die Aufgabenfamilie.

a) 36 57 93 b) 28 46 c) 64 81 d) 24 73

2 Manchmal hilft die Tauschaufgabe.

a)	b)	c)	d)	e)
47 + 20	52 + 27	14 + 53	36 + 29	4 + 47
8 + 77	36 + 40	64 + 30	9 + 54	53 + 40
53 + 19	5 + 68	28 + 53	17 + 66	38 + 26
34 + 43	27 + 39	7 + 69	50 + 35	12 + 87

3 Bilde mit je zwei Zahlen Plusaufgaben. Das Ergebnis soll kleiner als 60 sein.

48 23 50 7 14

4 Bilde mit je zwei Zahlen Minusaufgaben. Das Ergebnis soll größer als 30 sein.

84 44 9 30 16

5 Rechnet mit Würfeln.

a) **Spiel 1**

Würfelt abwechselnd mit einem Würfel. Rechnet die Würfelzahl zu eurer Punktezahl dazu und schreibt das Ergebnis auf. Gewonnen hat derjenige, der zuerst 100 oder mehr Punkte hat.

b) **Spiel 2**

Jeder Spieler erhält 100 Punkte. Würfelt abwechselnd mit einem Würfel. Zieht die Würfelzahl von eurer Punktezahl ab und schreibt das Ergebnis auf. Gewonnen hat derjenige, der zuerst keine Punkte mehr hat.

c) **Spiel 3**

Würfelt mit zwei Würfeln. Wählt eine von zwei möglichen zweistelligen Zahlen (beispielsweise 25 oder 52). Würfelt erneut. Entscheidet gemeinsam, ob die neue Zahl abgezogen oder dazugerechnet werden soll. Würfelt so lange bis ihr genau 50 Punkte erreicht habt.

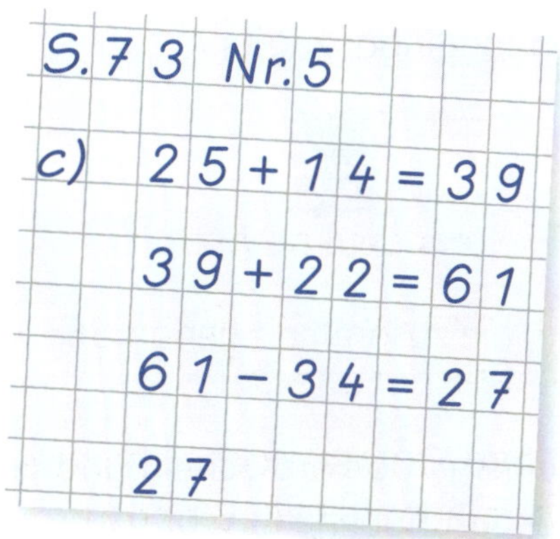

5 Spiel 1 und 2 können mit 6er- oder 10er-Würfeln gespielt werden

1 Wie viel kostet es?

a) Fußball und Indiaca

S.74 Nr. 1
a) 23 € + 7 € =
Es kostet ___ €.

b) Jogginganzug und Tennisschläger

c) Schlittschuhe und Fußball

d) 2 Tischtennisschläger und eine Packung Tischtennisbälle

e) Schlittschuhe und Mütze

2 Wie viel bekommst du zurück?

S.74 Nr. 2
a) 50 € − 25 € =
Ich bekomme ___ € zurück.

a) Ich kaufe Schlittschuhe.
Ich bezahle mit:

b) Ich kaufe Skier und Stöcke.
Ich bezahle mit:

c) Ich kaufe eine Mütze.
Ich bezahle mit:

d) Ich kaufe einen Jogginganzug.
Ich bezahle mit:

e) Ich kaufe einen Jogginganzug und eine Mütze.
Ich bezahle mit:

f) Ich kaufe einen Tennisschläger, Tennisbälle und ein Indiaca.
Ich bezahle mit:

3 Suche zwei Dinge, die zusammen genau 56 € kosten.

4 Luis bezahlt mit einem 100-Euro-Schein und bekommt nichts zurück.
Was könnte er gekauft haben? Es gibt mehrere Möglichkeiten.

1, 2 Ggf. Spielgeld (Beilage 4) nutzen

links	vor	hinter	über	auf	unter	neben	zwischen	in	rechts

1 Stellt euch gegenseitig Suchaufgaben zum Bild.

2 Wo befinden sich die Gegenstände?
Schreibe zu vier Gegenständen jeweils einen Satz auf.

S. 75 Nr. 2

Der Stuhl steht vor dem Schreibtisch.

3 Beschreibt abwechselnd die Lage der Steckwürfel. Dein Partner kontrolliert.

4

1. Jeder von euch nimmt einen roten, blauen, gelben, grünen und weißen Steckwürfel. Stellt einen Sichtschutz zwischen euch auf.
2. Einer von euch baut aus den Steckwürfeln ein Gebäude und beschreibt es dem anderen Würfel für Würfel.
3. Der andere baut das Gebäude nach.
4. Vergleicht eure Gebäude.

1 Lege Steckwürfel auf die eine Seite der Symmetrieachse. Dein Partner ergänzt symmetrisch. Kontrolliert mit dem Spiegel. Wechselt euch ab.

2 Lege die Figuren mit Steckwürfeln nach und ergänze sie symmetrisch. Zeichne die Figuren mit den Symmetrieachsen danach in dein Heft. Kontrolliere mit dem Spiegel.

a) 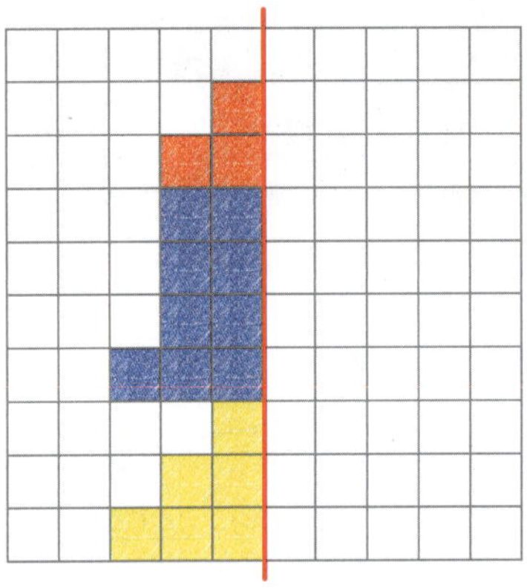

b) 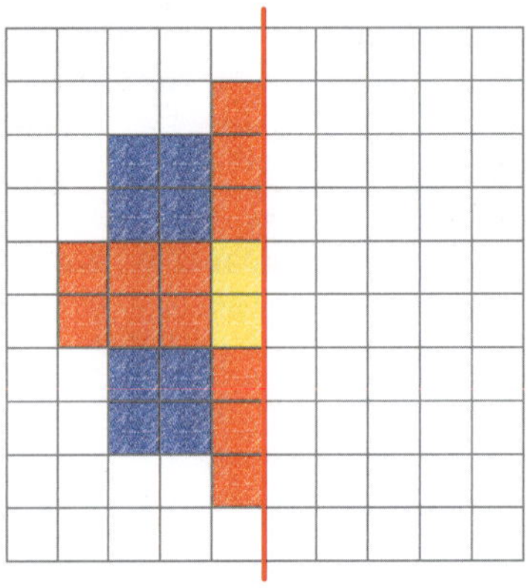

c) 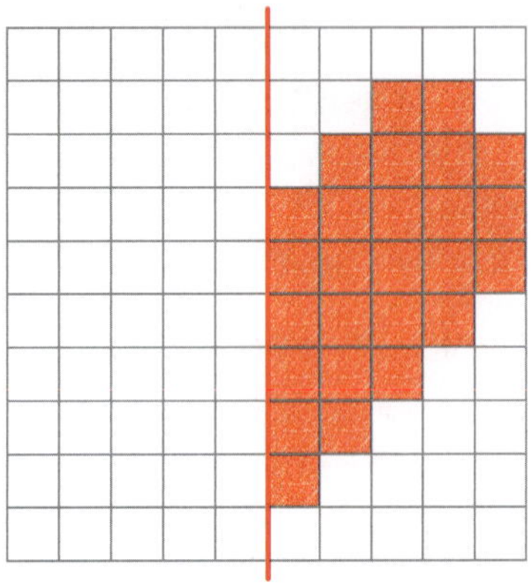

3 Zeichne die Figuren mit den Symmetrieachsen in dein Heft und ergänze sie symmetrisch.

a) 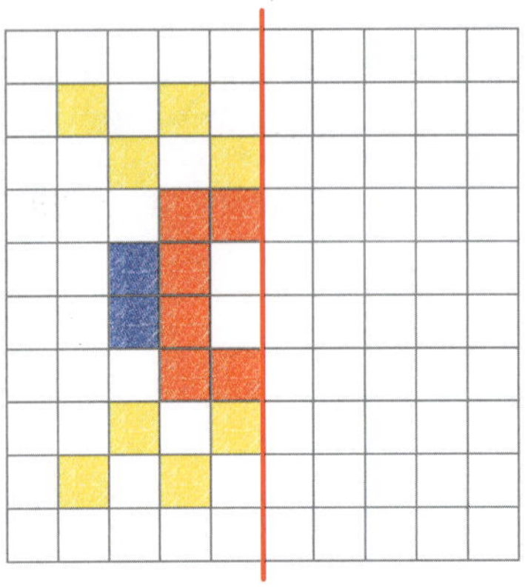

b) 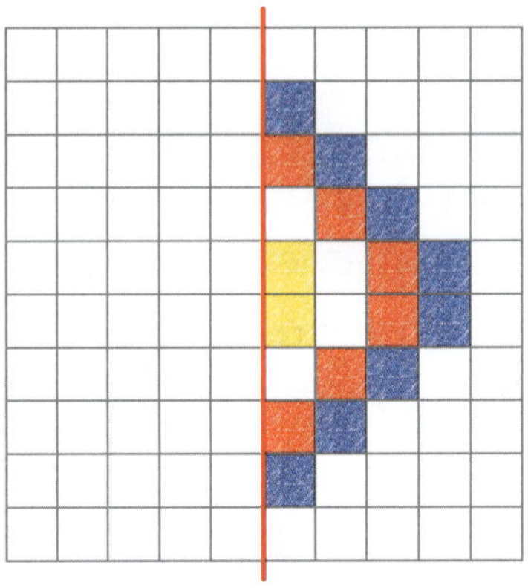

c) 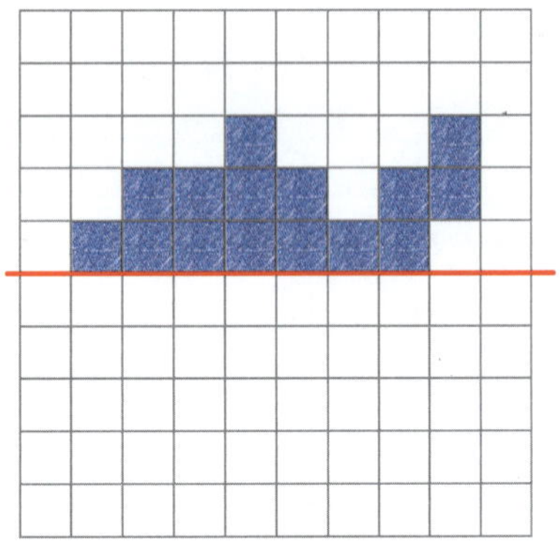

4 Zeichne die Figuren in dein Heft und ergänze sie symmetrisch. Kontrolliere mit dem Spiegel.

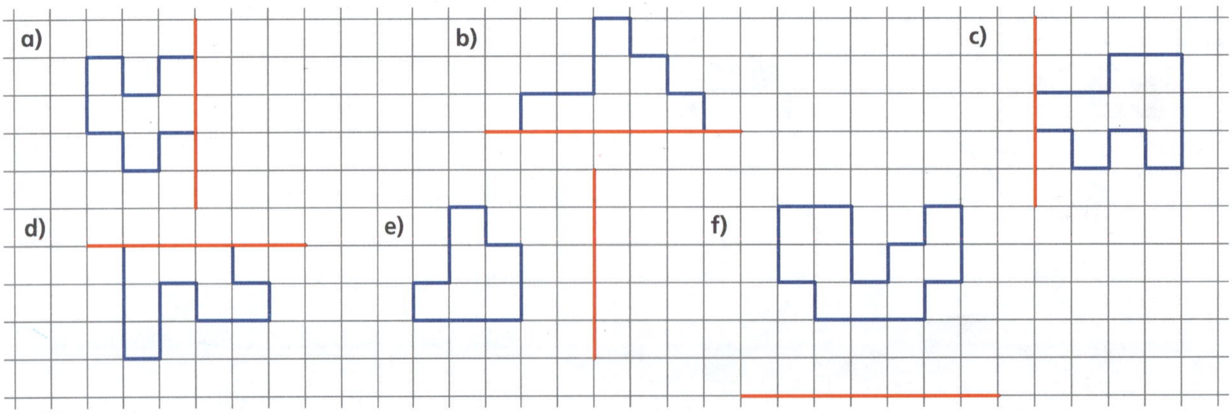

1 Kopiervorlage nutzen **2, 3** Ggf. Steckwürfel verwenden
2–4 Ggf. mit dem Spiegel kontrollieren

Symmetrie am Geo-Brett

1 Spanne eine Figur auf deinem Geo-Brett. Dein Partner spannt die dazu symmetrische Figur. Kontrolliert, indem ihr eure Bretter aneinander legt. Wechselt euch ab.

2 Legt eure Geo-Bretter aneinander und spannt beide Figuren nach. Ändert eine Figur so ab, dass die beiden symmetrisch zueinander sind. Kontrolliert mit dem Spiegel.

a) b) c)

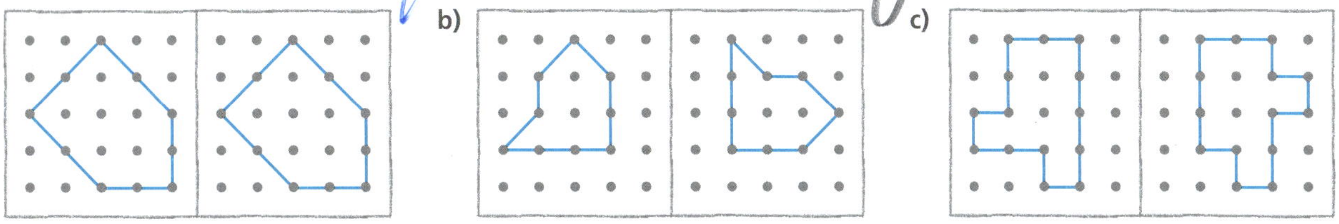

3 Spannt zu jeder eingezeichneten Spiegelachse mindestens eine symmetrische Figur. Kontrolliert mit dem Spiegel.

a) b) c) d) e)

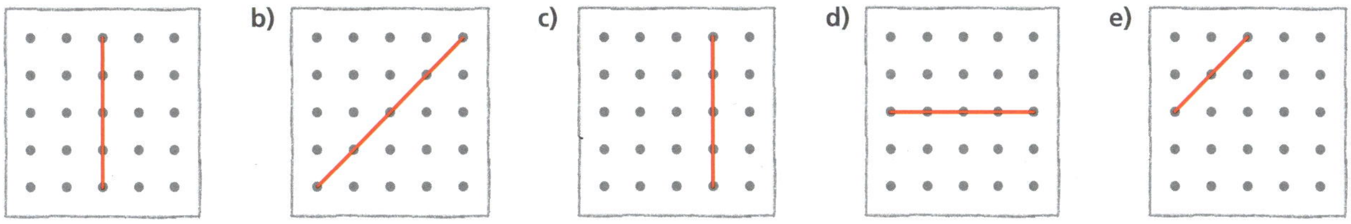

4 Spanne die Figuren nach und überprüfe, ob sie eine Symmetrieachse haben. Spanne die Symmetrieachse mit einem roten Gummiband. Kontrolliere mit dem Spiegel. Zeichne die Figuren dann mit Symmetrieachse in dein Heft.

a) b) c) d) e)

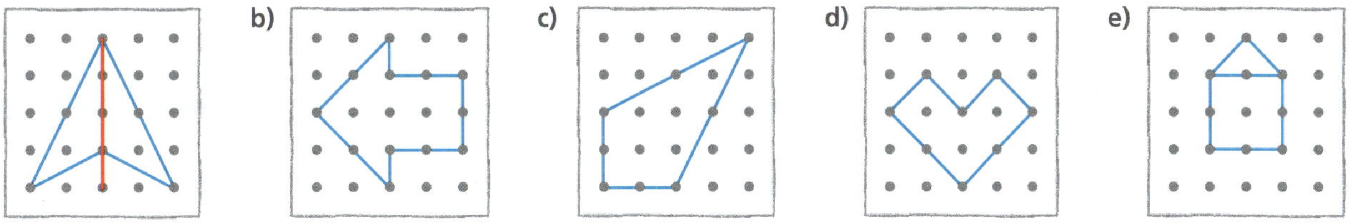

5 Spanne symmetrische Figuren. Spanne auch die Symmetrieachse. Kontrolliere mit dem Spiegel.

6 Spannt die Figuren nach. Verwandelt sie mit einem Handgriff in eine symmetrische Figur. Kontrolliert mit dem Spiegel.

a) b) c) d) e)

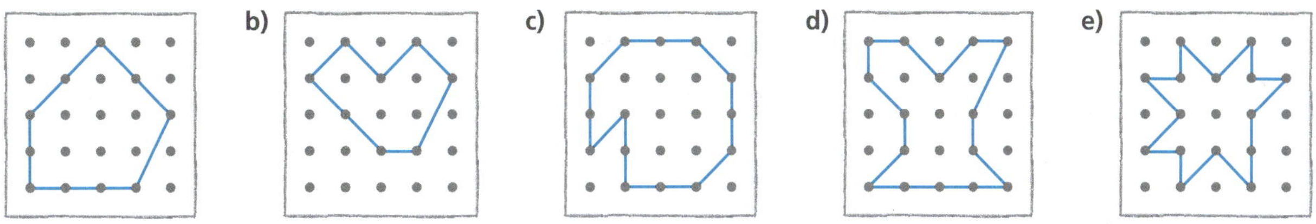

2, 3, 6 Mehrere Lösungen sind möglich

1

Verdopple die Zahlen mit Prickelnadel und Papier.
Schreibe die Plus- und die Malaufgabe auf und rechne sie aus.

23 35 20
47 13 39

S. 78 Nr. 1
23 + 23 =
2 · 23 =

2 Berechne das Doppelte.
Schreibe die passende Malaufgabe auf.
Benutze das Hunderterfeld dazu.

a)	b)	c)	d)
12	18	9	27
24	36	21	28
48	44	42	34
49	22	50	25

3 Wie viele Kästchen gibt es in jeder Farbe? Schreibe die Malaufgabe.

a) 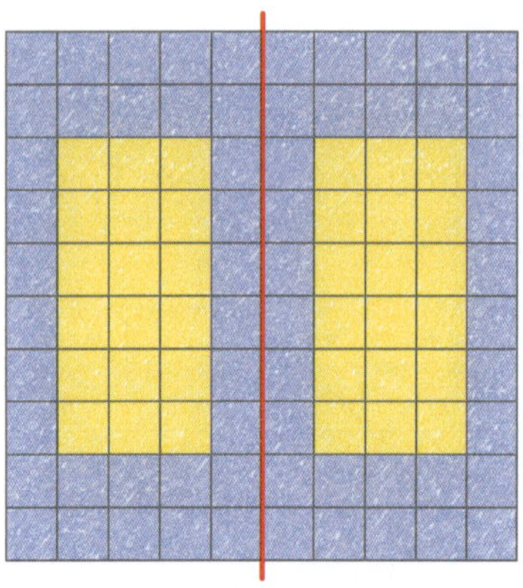

b) 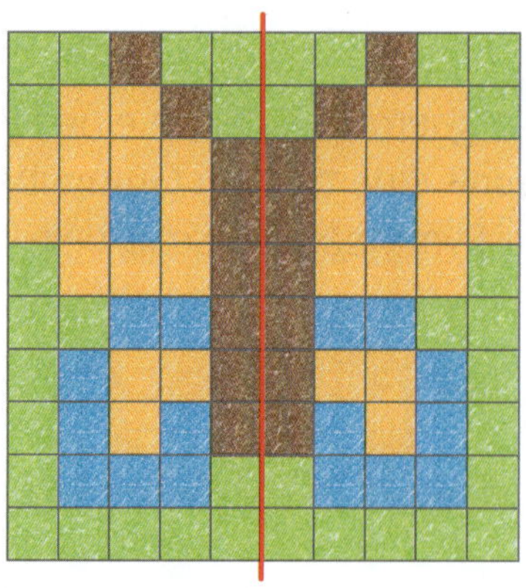

c) 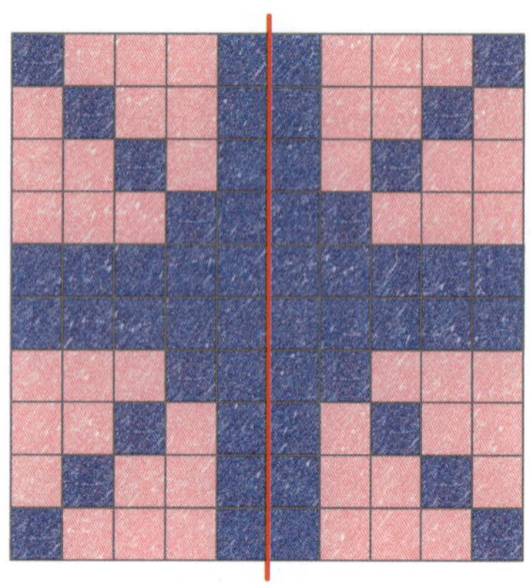

S. 78 Nr. 3
a) gelb: 2 · 18 = blau:

4 Setze fort so weit du kannst.

a) 10 → verdoppeln → □ → −7 → □ → verdoppeln → □ → −7 → □ → verdoppeln → ...

b) 11 → verdoppeln → □ → −7 → □ → verdoppeln → □ → −7 → □ → verdoppeln → ...

S. 78 Nr. 4
a) 10, 20, 13, 26,

c) Beginne auch mit anderen Startzahlen.

1 Vorteile der Zehnerstruktur beim Verdoppeln erkennen
2 Hunderterfeld (Beilage 1) verwenden

1

Falte ein Blatt Papier in der Mitte.
Das aufgeklappte Blatt soll die angegebene Anzahl von Löchern haben.

Wie oft musst du prickeln?

28 Löcher
62 Löcher
90 Löcher
60 Löcher
36 Löcher
78 Löcher

S. 79 Nr. 1

Löcher	Stiche
28	14
62	

2 Halbiert die Zahlen.
Benutzt das Hunderterfeld.

84 66 28 54 41 30

S. 79 Nr. 2

Zahl	Hälfte
84	42
66	

3 Halbiere.

a)	b)	c)	d)	e)
80	90	24	12	76
50	10	44	32	66
60	40	64	52	56

S. 79 Nr. 3
a) 80 = 40 + 40

4 a) Welche Zahlen können nicht halbiert werden? Schreibe auf.

14 22 34 43 50 77 27 30

b) Schreibe 10 weitere Zahlen auf, die man nicht halbieren kann.

c) Woran könnt ihr erkennen, dass eine Zahl nicht halbiert werden kann? Findet eine Regel und erklärt sie.

5 Setze fort so weit du kannst.

a) 26 → halbieren → ☐ → +5 → ☐ → halbieren → ☐ → +5 → ☐ → …

b) 82 → halbieren → ☐ → +5 → ☐ → halbieren → ☐ → +5 → ☐ → …

S. 79 Nr. 5
a) 26, 13, 18,

c) Mit welcher Startzahl kannst du die längste Zahlenfolge bilden?

2 Hunderterfeld (Beilage 1) verwenden
3–5 Ggf. Material benutzen

1

1 Stunde = 60 Minuten

Es ist 18.00 Uhr.

A

B

C

D

E

F

G

Es ist 19.00 Uhr.

2 Schreibe die Uhrzeiten zu den Bildern von Aufgabe 1 auf.

S. 80 Nr. 2
A: 18.02 Uhr
18 Uhr und 2 Minuten

3 Wie viele Minuten sind bei den einzelnen Bildern seit 18.00 Uhr vergangen?

S. 80 Nr. 3
A: 2 min

1 Minute = 1 min

4 Wie viel Zeit ist vergangen?

S. 80 Nr. 4
a) 18.02 Uhr —(+ 6 min)→ 18.08 Uhr

a) A

→ B

b) C

→ F

c) A

→ G

1 Vorstellungen vom Ablauf einer Stunde entwickeln; ggf. Lernuhr (Beilage 5) nutzen

1 Finde auf der Hundertertafel zwei benachbarte Felder, die zusammen das vorgegebene Ergebnis haben.

a) 54 b) 39 c) 38
d) 71 e) 66 f) 100

S. 81 Nr. 1
a) 22 + 32 = 54

2 Eine Taschenlampe und Batterien kosten zusammen 32 €.
Die Taschenlampe kostet 24 € mehr als beide Batterien zusammen.

a) Wie viel kosten die Batterien?

b) Wie viel kostet die Taschenlampe?

3 Löse die Knobelkreuze. Die Zahlen helfen dir.

a)
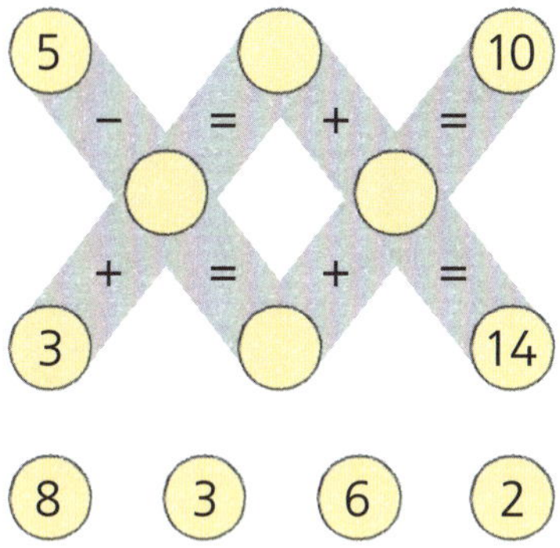

b)
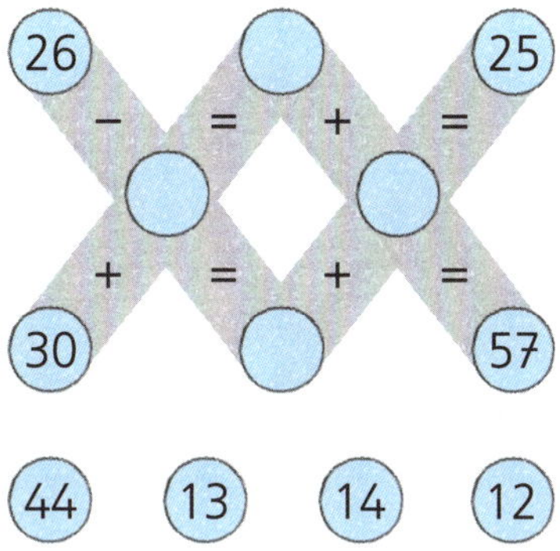

c)
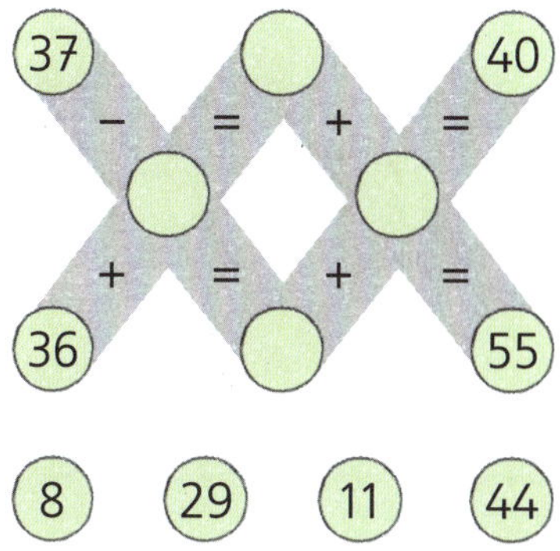

4 Lege ein Hölzchen so um, dass die Rechnung stimmt.
Bei der letzten Aufgabe müssen zwei Hölzchen umgelegt werden.

a)

b)
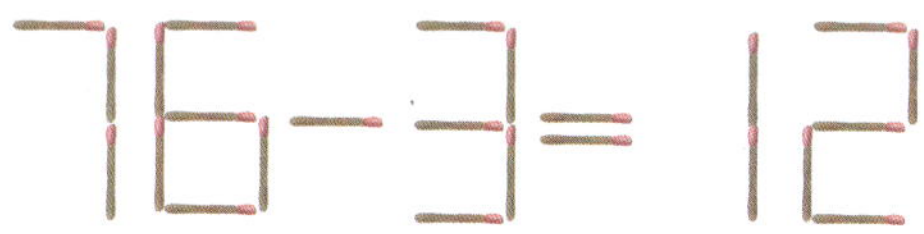

c)
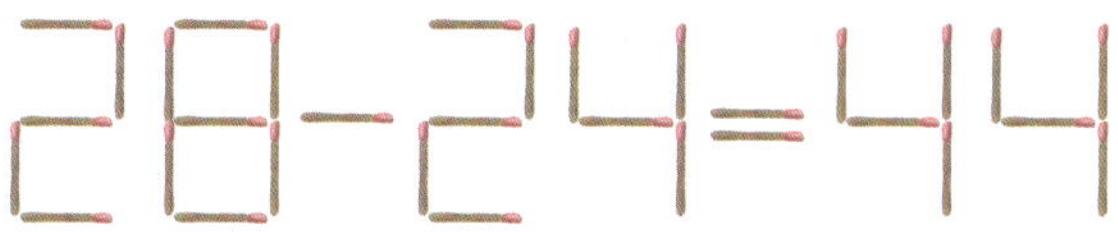

d)

5 Baue die Steine zu Zahlenmauern zusammen.

a)

b)

c)

2 Lösungsweg und passenden Antwortsatz im Heft notieren **3** Kopiervorlage nutzen
4 Aufgaben mit Streichhölzern nachlegen und verändern
5 Ggf. mithilfe von Zahlenkärtchen lösen

1 a) 98 – 49, 62 – 34, 74 – 56
b) 86 – 47, 75 – 28, 66 – 19
c) 43 – 25, 77 – 38, 35 – 17

2 a) 22 + 59, 39 + 65, 84 + 17
b) 46 + 48, 25 + 57, 35 + 36

3 a) 56 + 28, 64 + 13, 82 – 35, 49 – 28
b) 45 + 34, 73 – 22, 64 – 19, 57 + 16
c) 29 + 54, 67 + 26, 72 – 38, 54 – 43
d) 74 – 27, 33 + 29, 65 – 34, 41 + 18
e) 48 + 36, 75 + 24, 94 – 45, 68 – 42

4 Oma kauft für 73 € ein.
Sie bezahlt mit:

Wie viel Euro bekommt sie zurück?

5 Anja kauft ein T-Shirt für 18 € und eine Hose für 49 €.
Sie bezahlt mit:

a) Wie viel kostet es?
b) Wie viel bekommt sie zurück?

6 Wo ist der Teddy? Schreibe jeweils einen Satz auf.

a)

b)

c)

d)

7 a)

Zahl	35	26	17	38	49	33
das Doppelte						

b)

Zahl	24	68	44	32	50	78
die Hälfte						

8 Schreibe beide Uhrzeiten auf.

a)

b)

c)

d)

e)
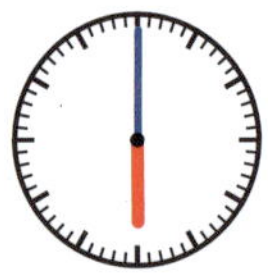

9 Zeichne die Figuren und ihr Spiegelbild in dein Heft.

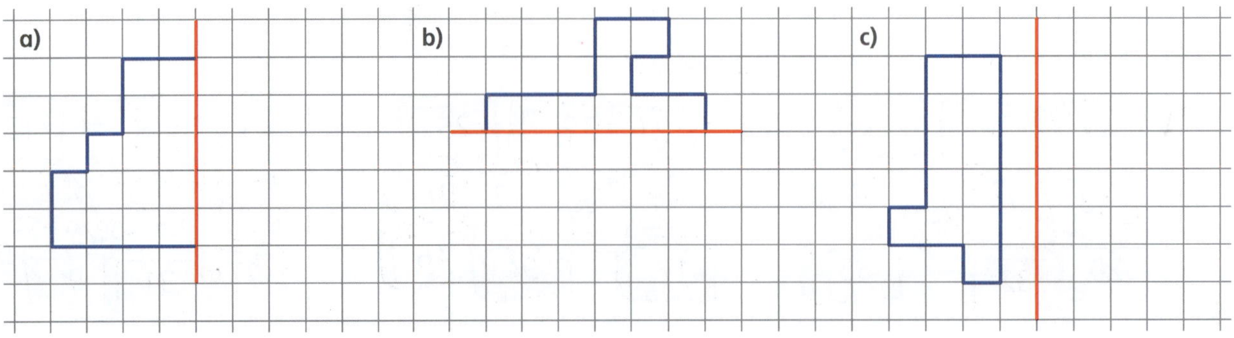

Aufgaben zur Selbsteinschätzung als Kopiervorlage im Handbuch

1 a) Entschlüssle die Spiegelschrift:
.TFIRHCSLEGEIPS NI NEMAN NENIED EBIERHCS

b) Schreibe eigene Wörter in Spiegelschrift.

2

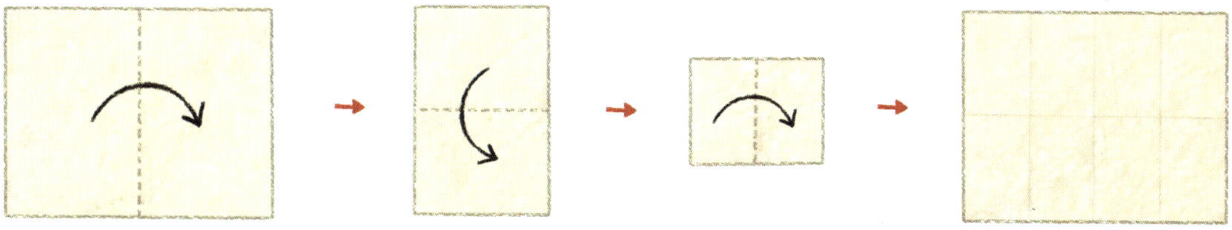

a) Faltet ein Blatt Papier wie oben, sodass 8 gleich große Felder entstehen.

b) Probiert auch so zu falten, dass 16 gleich große Felder entstehen.

c) Könnt ihr auch so falten, dass 3, 6 und 12 Felder entstehen?

3

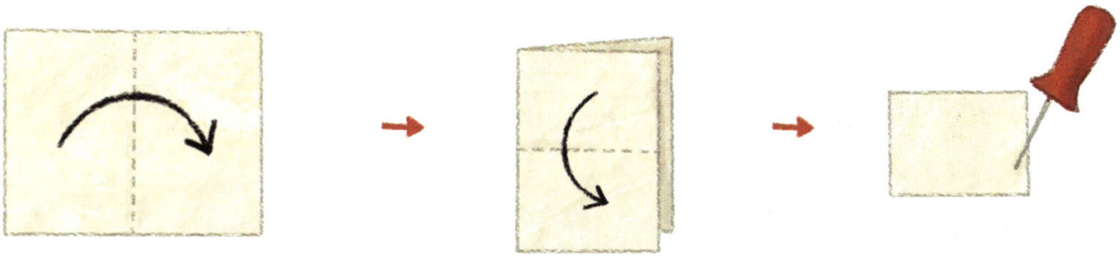

a) Falte ein Blatt Papier 2-mal und prickle 3-mal, 5-mal und 7-mal.
Wie viele Löcher hat das aufgeklappte Blatt?
Schreibe in eine Tabelle.

S.83 Nr.3

Stiche	Löcher
a) 3	

b) Wie viele Löcher hat das aufgeklappte Blatt, wenn du 8-mal, 15-mal und 24-mal prickelst?
Probiere es aus und schreibe in eine Tabelle.

4 Falte ein Blatt Papier 2-mal.

a) Wie oft musst du prickeln, um 28 Löcher zu erhalten?
Schreibe in eine Tabelle.

b) Wie oft musst du prickeln, um 48 Löcher und 100 Löcher zu erhalten?
Probiere es aus und schreibe in eine Tabelle.

5

a) Wähle eine Zahl aus dem Kalenderblatt, die 4 Nachbarn hat.
Zähle alle 4 Nachbarn zu dieser Zahl dazu.

b) Mache dies auch mit anderen Zahlen aus dem Kalenderblatt.

c) Schaut euch alle eure Ergebnisse an.
Was fällt euch auf? Findet eine Erklärung.

1 Zeichne die Tabelle in dein Heft. Ergänze die fehlenden Zahlen.
Es sollen immer gleich viele Vögel und Hunde sein.

Vogelbeine	2	4	6	8	10	12	14	16	18	20
Hundebeine	4									

2 Gehe zuerst in Zweierschritten, dann in Viererschritten.
Zeichne in dein Heft bis zur Zahl 40.

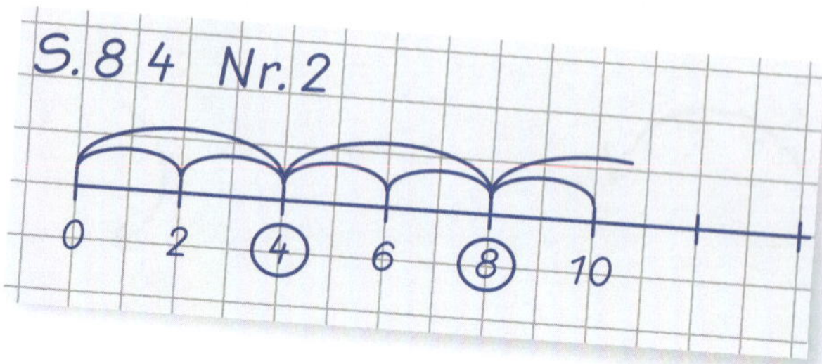

3 Zeichne zu jeder Aufgabe ein passendes Punktebild und rechne.

a) 3 · 4
b) 9 · 4
c) 6 · 4
d) 2 · 4

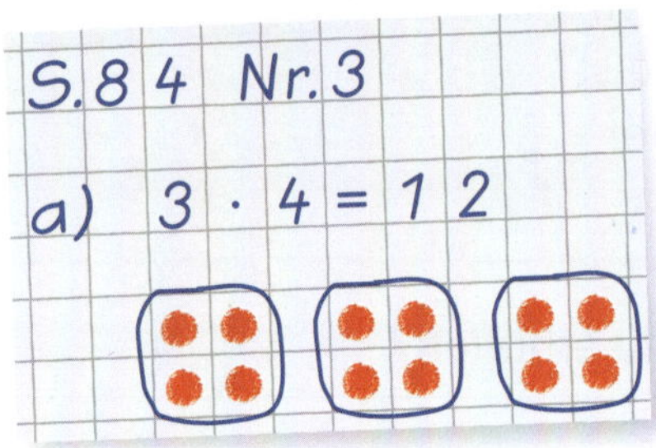

e) 1 · 4
f) 0 · 4
g) 4 · 4
h) 8 · 4

4

1 · 4 = ■
2 · 4 = ■
3 · 4 = ■
4 · 4 = ■
5 · 4 = ■
6 · 4 = ■
7 · 4 = ■
8 · 4 = ■
9 · 4 = ■
10 · 4 = ■

5 a) Im Klassenzimmer stehen 5 Gruppentische.
An jedem Tisch sitzen 4 Kinder.
Wie viele Kinder sind es insgesamt?

b) In der Klasse 2b sind 24 Kinder.
Wie viele Gruppentische werden gebraucht,
wenn an jedem Gruppentisch 4 Kinder sitzen können?

6

a)
3 · 4 = ■
6 · 4 = ■
7 · 4 = ■
2 · 4 = ■
1 · 4 = ■

b)
■ · 4 = 16
■ · 4 = 36
■ · 4 = 20
■ · 4 = 0
■ · 4 = 32

c)
5 · ■ = 25
4 · ■ = 8
2 · ■ = 20
9 · ■ = 18
6 · ■ = 24

d)
■ · ■ = 18
■ · ■ = 40
■ · ■ = 35
■ · ■ = 5
■ · ■ = 12

1 Zusammenhang zwischen 2er- und 4er-Reihe thematisieren
5 Lösungsweg und passenden Antwortsatz im Heft notieren

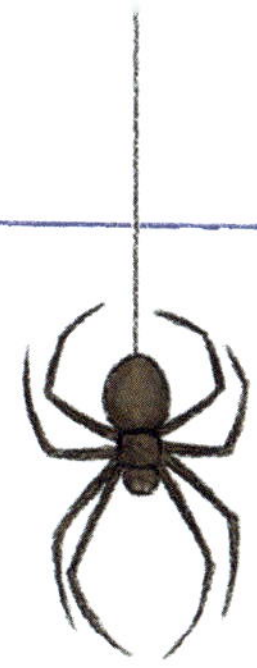

1 Gehe zuerst in Viererschritten, dann in Achterschritten.
Zeichne in dein Heft bis zur Zahl 80.

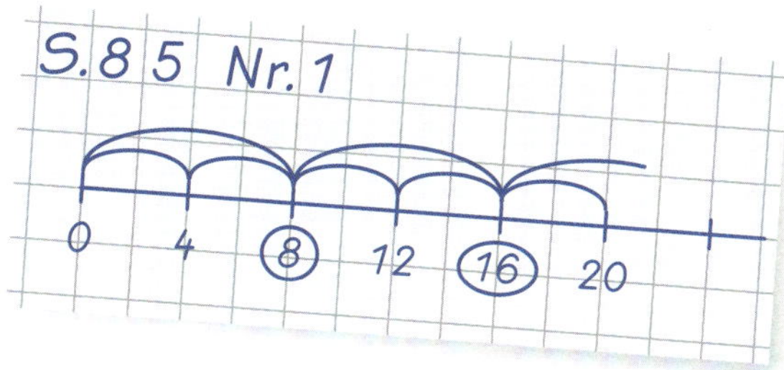

2 Zeichnet zu jedem Aufgabenpaar passende Punktebilder.
Vergleicht die Bilder.

a) 6 · 4 = ■
6 · 8 = ■

b) 5 · 4 = ■
5 · 8 = ■

c) 2 · 4 = ■
2 · 8 = ■

d) 3 · 4 = ■
3 · 8 = ■

e) ■ · 4 = ■
■ · 8 = ■

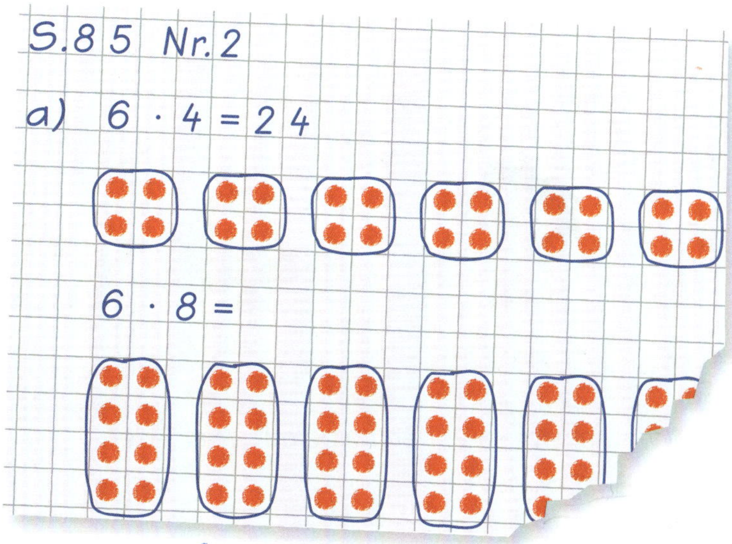

3

1 · 8 = ■
2 · 8 = ■
3 · 8 = ■
4 · 8 = ■
5 · 8 = ■
6 · 8 = ■
7 · 8 = ■
8 · 8 = ■
9 · 8 = ■
10 · 8 = ■

4 Schreibe zu jedem Punktebild eine Malaufgabe.

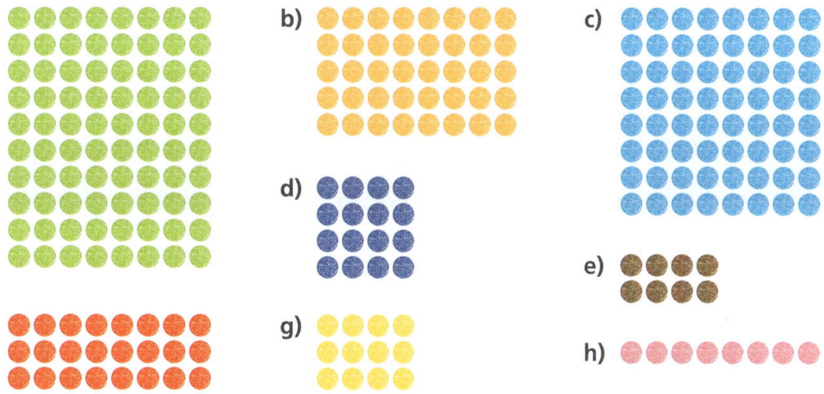

5

a)	b)	c)	d)	e)
3 · 2	2 · 2	7 · 2	5 · 2	4 · 2
3 · 4	2 · 4	7 · 4	5 · 4	4 · 4
3 · 8	2 · 8	7 · 8	5 · 8	4 · 8

6

a)	b)	c)	d)	e)
1 · 2	8 · 2	9 · 2	10 · 2	6 · 2
1 · 4	8 · 4	9 · 4	10 · 4	6 · 4
1 · 8	8 · 8	9 · 8	10 · 8	6 · 8

1 Zusammenhang zwischen 4er- und 8er-Reihe thematisieren

1

08:05	08:15	08:30	08:45	08:52
8 Uhr und 5 Minuten	8 Uhr und 15 Minuten	8 Uhr und 30 Minuten	8 Uhr und 45 Minuten	8 Uhr und 52 Minuten
5 Minuten nach 8 Uhr	eine Viertelstunde nach 8 Uhr	eine halbe Stunde vor 9 Uhr	eine Viertelstunde vor 9 Uhr	8 Minuten vor 9 Uhr
 fünf nach acht	 Viertel nach acht	 halb neun	 Viertel vor neun	 acht vor neun

2 Wie viel Uhr ist es? Schreibe auf zwei Arten.

a) 

b) 07:20

S. 86 Nr. 2
a) 3 Uhr und 15 Minuten
Viertel nach drei

c) 

d) 11:55

e) 

f) 00:45

3 Stellt die Uhrzeiten auf eurer Lernuhr ein. Schreibt auf zwei Arten.

a) zehn nach elf
b) zwanzig nach neun
c) halb sechs
d) Viertel nach vier

S. 86 Nr. 3
a) 11.10 Uhr
23.10 Uhr

e) zwanzig vor zwei
f) zehn vor zehn
g) Viertel vor fünf
h) fünf nach halb sechs

4 Bringe die Uhrzeiten in die richtige Reihenfolge. Beginne mit 6.00 Uhr.
Wie heißt das Lösungswort?

 U | fünf vor halb acht T |  Z | Viertel nach sieben I
zehn vor sieben E | halb sieben H | 6.31 Uhr R

1 Sprechweisen der Uhrzeiten kennenlernen
3 Lernuhr (Beilage 5) verwenden

1 Probiert aus.

10 Sekunden auf einem Bein stehen

Nach einer Minute hinsetzen

30 Sekunden nicht sprechen

2 Wie lange dauert es? Ordne zu.

a) Mathestunde b) Fußballspiel c) Zähne putzen d) Schultag e) Schlucken

S. 87 Nr. 2
a) 45 Minuten

1 h 30 min | 45 Minuten | 5 Stunden | 3 min | 1 s

1 Stunde = 1 h
1 Sekunde = 1 s

3 Wie viele Minuten dauert es? Benutze die Lernuhr.

a) 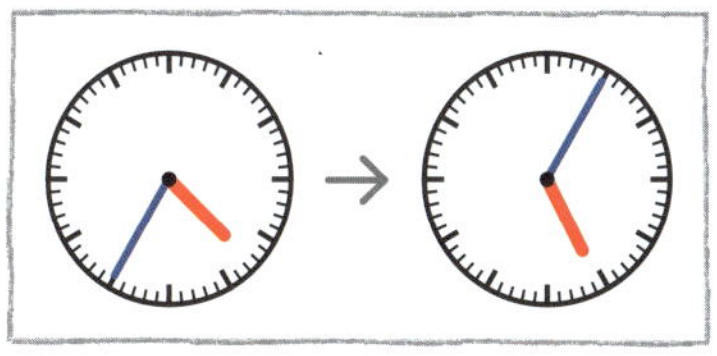

b) 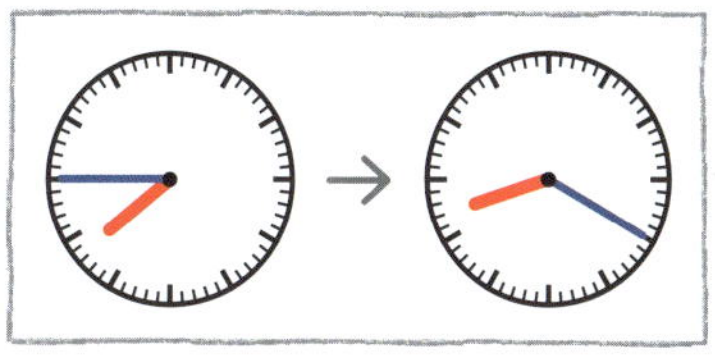

c) 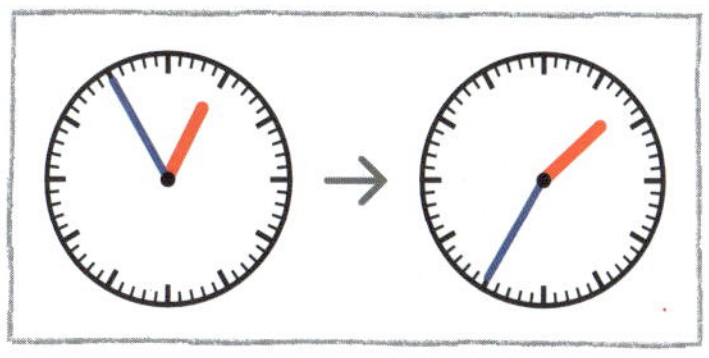

S. 87 Nr. 3
a) +25 min +5 min
16.35 Uhr 17.00 Uhr 17.05 Uhr
Es dauert 30 Minuten.

d) 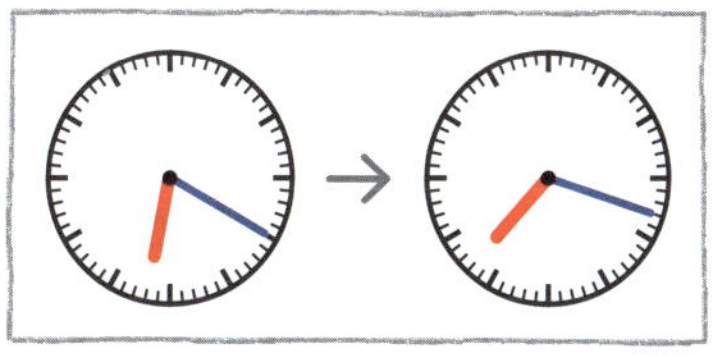

e) 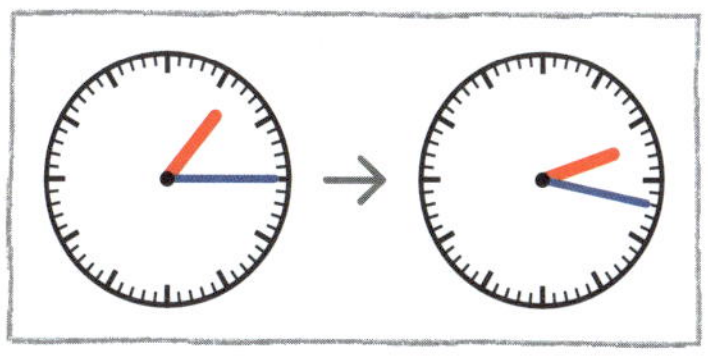

4 Wie lange dauert es?

a) von 12.15 Uhr bis 15.00 Uhr
b) von 11.30 Uhr bis 13.00 Uhr
c) von 17.45 Uhr bis 19.00 Uhr
d) von 8.00 Uhr bis 9.15 Uhr
e) von 14.30 Uhr bis 17.00 Uhr
f) von 6.00 Uhr bis 10.30 Uhr

S. 87 Nr. 4
a) +45 min +2 h
12.15 Uhr 13.00 Uhr 15.00 Uhr
Es dauert 2 Stunden und 45 Minuten.

5 Die Lehrerin Frau Müller geht morgens um 7.35 Uhr zur Schule und kommt um 16.00 Uhr wieder nach Hause. Wie lange war ihr Wellensittich alleine zu Hause?

1 Gefühl für Zeitdauer entwickeln; Dauer der Tätigkeiten mit Stoppuhr messen
3 Lernuhr (Beilage 5) verwenden
5 Lösungsweg und passenden Antwortsatz im Heft notieren

1 Zeichne ein geordnetes Punktebild.
Schreibe dazu zwei passende Plusaufgaben
und zwei passende Malaufgaben.

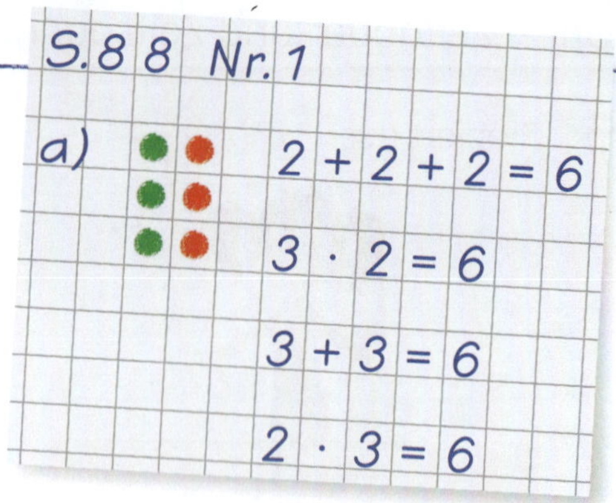

a)
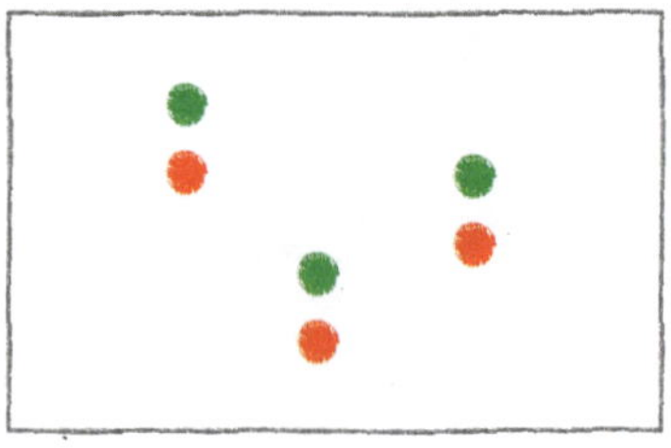

b)

c)

d)

2 Warum passen beide Malaufgaben
zum Punktebild? Begründet.

3 Schreibe zu jedem Punktebild eine
Malaufgabe und ihre Tauschaufgabe.

a)

b)

c)

d)

e)

f)

4 Zeichne zu jeder Aufgabe ein Punktebild wie in Aufgabe 3.
Rechne aus und schreibe die Tauschaufgabe.

a) 2 · 4   b) 4 · 10   c) 9 · 5   d) 6 · 8   e) 7 · 1   f) 3 · 5

5

a)	b)	c)	d)
2 · 4	4 · 6	6 · 5	2 · 8
6 · 2	10 · 4	5 · 7	8 · 5
2 · 7	4 · 9	0 · 5	3 · 8
9 · 2	8 · 4	10 · 9	4 · 7

6

a)	b)	c)	d)
18 + 45 = ■	70 − 57 = ■	100 − 12 = ■	54 + ■ = 100
25 + 60 = ■	60 − 27 = ■	88 + 12 = ■	■ − 19 = 39
31 + 34 = ■	71 − 57 = ■	36 + 54 = ■	92 − 45 = ■
32 + 40 = ■	70 − 47 = ■	36 + 53 = ■	■ + 22 = 90
26 + 49 = ■	61 − 37 = ■	99 − 19 = ■	60 − ■ = 3

1 Prinzip der Tauschaufgaben verstehen
2 Prinzip der Tauschaufgaben am Punktebild begründen

1 Zeichne die Tabelle in dein Heft. Ergänze die fehlenden Zahlen.

Dreiräder	1	2	3				7	8	9	
Räder	3			12	15	18				30

2 Setze fort.

a)
3 + 3 =
3 + 3 + 3 =
3 + 3 + 3 + 3 =
3 + 3 + 3 + 3 + 3 =

S. 89 Nr. 2
a) 3 + 3 = 2 · 3 = 6
3 + 3 + 3 =

b)
0 + 0 + 0 =
1 + 1 + 1 =
2 + 2 + 2 =
3 + 3 + 3 =

3
1 · 3 = ■
2 · 3 = ■
3 · 3 = ■
4 · 3 = ■
5 · 3 = ■
6 · 3 = ■
7 · 3 = ■
8 · 3 = ■
9 · 3 = ■
10 · 3 = ■

4 Rechne. Alle Ergebnisse sind aus der 3er-Reihe.
2 · 3 + 2 · 3
5 · 3 + 5 · 3
5 · 3 + 2 · 3
9 · 3 + 1 · 3
8 · 3 + 2 · 3

S. 89 Nr. 4
2 · 3 + 2 · 3 = 6 + 6 = 12

5 >, < oder =? Denke an die Tauschaufgabe.

a)
7 · 2 ● 20
2 · 9 ● 15
5 · 6 ● 30
9 · 5 ● 50

b)
3 · 9 ● 37
0 · 7 ● 1
8 · 8 ● 16
10 · 4 ● 40

c)
7 · 4 ● 6 · 4
3 · 3 ● 4 · 2
6 · 5 ● 3 · 10
7 · 8 ● 9 · 8

Knobelaufgabe

Welche Zahl fehlt?

a)

4	5	6
8	10	12
16	20	

b)

7	17	27
10		30
13	23	33

6
a)
4 · 3 = ■
6 · 3 = ■
7 · 3 = ■
2 · 3 = ■

b)
■ · 3 = 15
■ · 3 = 27
■ · 3 = 9
■ · 3 = 0

c)
8 · ■ = 24
4 · ■ = 12
2 · ■ = 6
10 · ■ = 30

7 Wie viele Würfel sind es? Finde eine passende Malaufgabe.

a)

b)

c)

7 Ggf. mit Steckwürfeln nachbauen

1 Gehe zuerst in Dreierschritten, dann in Sechserschritten. Zeichne in dein Heft bis zur Zahl 60.

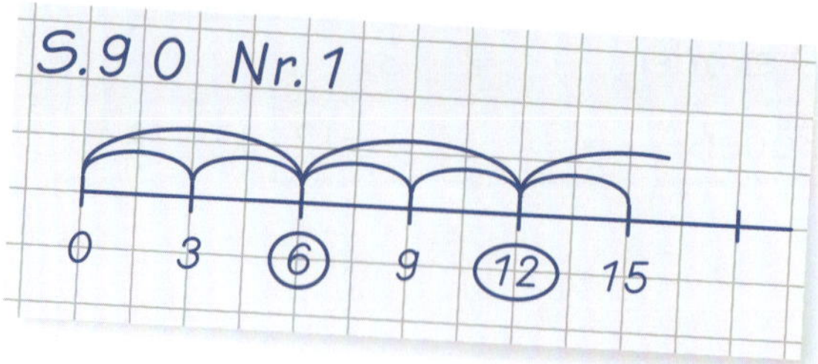

2 Baue passend zu den Aufgaben Quader aus Steckwürfeln.
Zeichne und rechne.

a) 2 · 6
b) 4 · 6
c) 5 · 6
d) 6 · 6

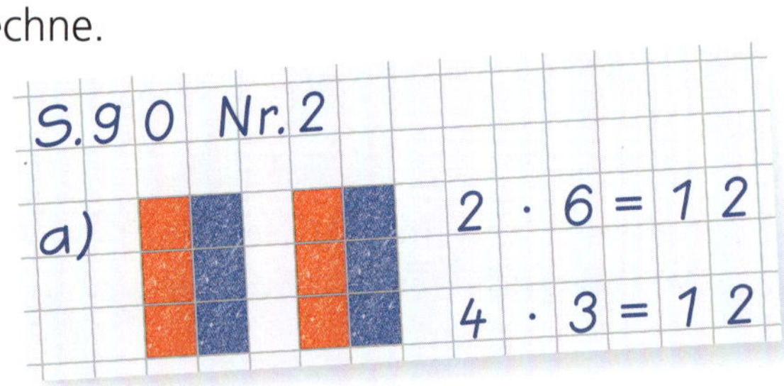

3 Lege mit Spielgeld. Zeichne und rechne.

a) 3 · 6 €
b) 7 · 6 €
c) 4 · 6 €
d) 8 · 6 €
e) 9 · 6 €
f) 6 · 6 €

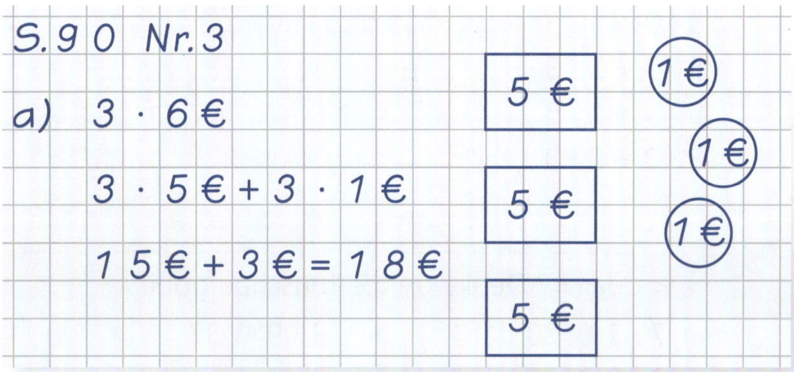

4

1 · 6 = ■
2 · 6 = ■
3 · 6 = ■
4 · 6 = ■
5 · 6 = ■
6 · 6 = ■
7 · 6 = ■
8 · 6 = ■
9 · 6 = ■
10 · 6 = ■

5 Wie viele Kästchen werden jeweils durch die farbige Fläche verdeckt?
Schreibe eine passende Malaufgabe und ihre Tauschaufgabe.

6

a)
2 · 6 = ■
7 · 2 = ■
9 · 10 = ■
5 · 5 = ■

b)
■ · 8 = 24
■ · 4 = 0
■ · 3 = 21
■ · 6 = 48

c)
4 · ■ = 40
6 · ■ = 48
6 · ■ = 36
10 · ■ = 10

d)
1 · ■ = 8
■ · 5 = 10
4 · 4 = ■
8 · ■ = 40

1 Zusammenhang zwischen 3er- und 6er-Reihe thematisieren
3 Spielgeld (Beilage 4) verwenden

1 Gehe zuerst in Dreierschritten, dann in Neunerschritten. Zeichne in dein Heft bis zur Zahl 90.

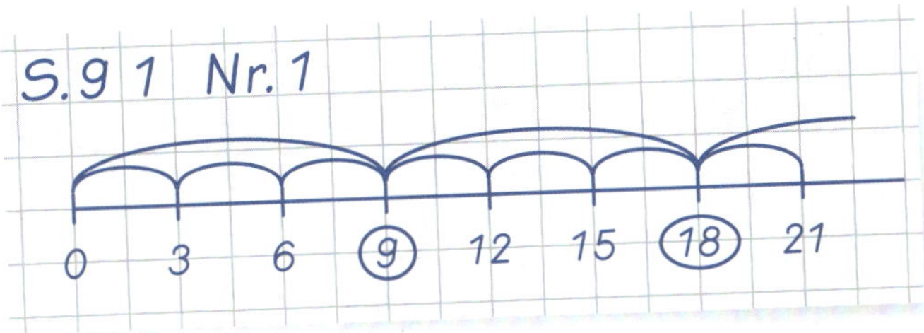

2

1 · 9 = ■
2 · 9 = ■
3 · 9 = ■
4 · 9 = ■
5 · 9 = ■
6 · 9 = ■
7 · 9 = ■
8 · 9 = ■
9 · 9 = ■
10 · 9 = ■

3 Schaut euch die Zahlen der 9er-Reihe genau an. Achtet auf die Zehner und die Einer. Was fällt euch auf?

4 Legt auf der Hundertertafel Plättchen auf die Zahlen der 9er-Reihe. Was fällt euch auf?

5 Zählt bei jeder Zahl der 9er-Reihe die Zehnerziffer und die Einerziffer zusammen. Was fällt euch auf?

6 Das Kind auf dem Bild rechnet die Aufgabe 4 · 9 mit Steckwürfeln. Rechne wie das Kind.

a) 4 · 9
b) 7 · 9
c) 3 · 9
d) 6 · 9

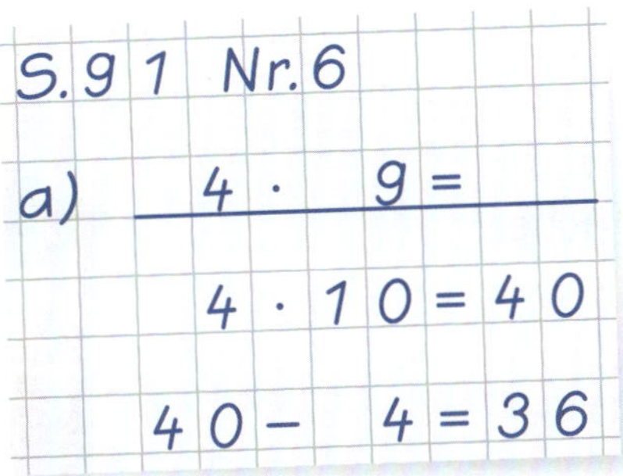

e) 2 · 9
f) 8 · 9
g) 5 · 9
h) 9 · 9

7 a)

10er-Reihe	10	20	30							
1er-Reihe	1	2								
9er-Reihe	9	18								

b)

6er-Reihe	6	12								
3er-Reihe	3									
9er-Reihe	9									

8 **a)** 4 · 6 = ■
2 · 6 = ■
8 · 6 = ■
10 · 6 = ■

b) 3 · 9 = ■
5 · 9 = ■
6 · 9 = ■
9 · 9 = ■

c) ■ · 6 = 18
■ · 9 = 18
■ · 6 = 36
■ · 9 = 36

d) ■ · ■ = 54
■ · ■ = 42
■ · ■ = 72
■ · ■ = 90

1 Zusammenhang zwischen 3er- und 9er-Reihe thematisieren
3 Regel „+ 10 – 1" erkennen **4** Hundertertafel (Beilage 1) nutzen
7 Zusammenhänge der Einmaleinsreihen entdecken

1 a) Die Klasse 2a hat für den Sachunterricht 16 Tierbücher aus der Schulbücherei geliehen. Von zu Hause haben ein paar Kinder noch 17 Bücher mitgebracht. Wie viele Tierbücher sind es insgesamt?

b) In der Schulbücherei gibt es 65 Tierbücher. Wie viele Tierbücher stehen jetzt noch im Regal?

2 In der Schulbücherei stehen 5 Regale. Ein Regal hat 4 Regalfächer. Wie viele Regalfächer gibt es insgesamt? Schreibe eine Plus- und eine Malaufgabe.

3 In ein Regalfach passen ungefähr 24 Bücher.

a) Wie viele Bücher passen ungefähr in 2 Regalfächer?

b) Wie viele Bücher passen ungefähr in 3 Regalfächer?

c) Wie viele Bücher passen ungefähr in 4 Regalfächer?

4 Die Schulbücherei schließt heute um 13.05 Uhr. Merle kommt um 12.45 Uhr. Wie viel Zeit hat sie noch?

5 In der Schulbücherei wurde eine Umfrage zum Thema „Lieblingsbücher" gemacht. Jedes Kind durfte eine Stimme abgeben.

Detektivgeschichten (D)	卌 卌 |||
Pferdebücher (P)	卌 卌 卌 ||
Märchen (M)	卌	
Abenteuerbücher (A)	卌 卌 卌 ||||
Wissensbücher (W)	卌 卌 ||||
Comics (C)	卌 卌 ||

a) Erstelle ein passendes Balkendiagramm. Benutze die Abkürzungen. Zeichne ein Kästchen für ein Buch.

b) Wie viele Kinder haben an der Umfrage teilgenommen?

c) Macht eine Umfrage zum Thema „Lieblingsbücher" in eurer Klasse. Stellt eure Ergebnisse vor.

1–4 Lösungsweg und passenden Antwortsatz im Heft notieren
5c In Gruppenarbeit eigene Themenauswahl für Lieblingsbücher zusammenstellen; Umfrage durchführen und Ergebnisse in Diagrammen darstellen und präsentieren

6

Aufsichtsplan Schulbücherei

	Mo	Di	Mi	Do	Fr
1. Pause	2b	3a	4a	4a	4b
3. Stunde	–	–	–	–	–
4. Stunde	–	Eltern	–	Eltern	–
2. Pause	2a	3b	4b	3a	3b
5. Stunde	–	–	–	–	2b
6. Stunde	–	–	–	–	2a

Unterrichtszeit

1. Stunde:	8.00– 8.45 Uhr
2. Stunde:	8.45– 9.30 Uhr
1. Pause:	9.30– 9.50 Uhr
3. Stunde:	9.50–10.35 Uhr
4. Stunde:	10.35–11.20 Uhr
2. Pause:	11.20–11.35 Uhr
5. Stunde:	11.35–12.20 Uhr
6. Stunde:	12.20–13.05 Uhr

7 a) Schreibt die Öffnungszeiten der Schulbücherei für jeden Tag auf. Der Aufsichtsplan kann euch helfen.

b) Wie viele Minuten hat die Schulbücherei am Montag geöffnet?

c) Vergleicht die Aufsichtszeiten der Kinder von Klasse 2a mit den Zeiten der Kinder von Klasse 3a. Welche Kinder haben länger Aufsicht?

S. 93 Nr. 7
Öffnungszeiten
Mo: 9.30 – 9.50 Uhr
11.20 –

8 Der Förderverein spendet 100 € für die Schulbücherei. Mit dem Geld sollen neue Bücher angeschafft werden.

a) Frau Meyer hat die Bestellung notiert. Wie viel werden die Bücher insgesamt kosten?

b) Für das restliche Geld sollen Comics zu je 5 € gekauft werden. Wie viele Comics können gekauft werden?

6 Wissensbücher für je 6 €
1 Märchenbuch für 12 €
1 Tierlexikon für 17 €

9 a) Ein ausgeliehenes Buch darf man 3 Wochen behalten. Wie viele Tage sind das?

b) Luca hat am 6. März zwei Bücher ausgeliehen. Bis wann muss er sie zurückgeben?

10 a) Hakim gibt sein Buch 10 Tage zu spät ab. Wie viel Gebühr muss er bezahlen?

b) Mia hat 5 Bücher ausgeliehen und gibt sie 6 Tage zu spät ab. Wie viel Gebühr muss sie bezahlen?

c) Maja hatte am 12. April zwei Bücher ausgeliehen. Sie gibt sie am 27. Mai zurück. Wie viel Gebühr muss sie bezahlen?

Gebühr für verspätete Rückgabe:
1 Tag: 3 Cent je Buch
2 Tage: 4 Cent je Buch
3 Tage: 5 Cent je Buch
4 Tage: 6 Cent je Bu…

6 Aufsichtsplan besprechen
8–10 Lösungsweg und passenden Antwortsatz im Heft notieren (ausgenommen 9b)
9b Eigene Lösungstechnik entwickeln

1 Schreibe zu jedem Punktebild eine Malaufgabe und ihre Tauschaufgabe.

a)  b)  c)  d) 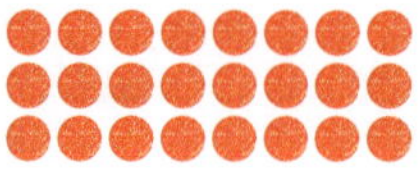

2 Zeichne zu jeder Aufgabe ein Punktebild wie in Aufgabe 1.
Rechne aus und schreibe auch die Tauschaufgabe.

a) 3 · 6 b) 8 · 4 c) 9 · 2 d) 5 · 1 e) 3 · 5 f) 6 · 4

3 Schreibe immer beide Uhrzeiten.

a) halb acht b) zehn nach vier c) fünf vor halb sieben
d) Viertel nach drei e) zwanzig vor neun f) Viertel vor elf

4 Wie viele Minuten dauert es?

a) 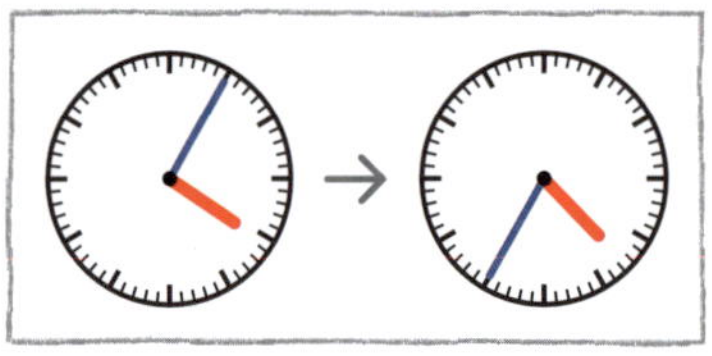 b) 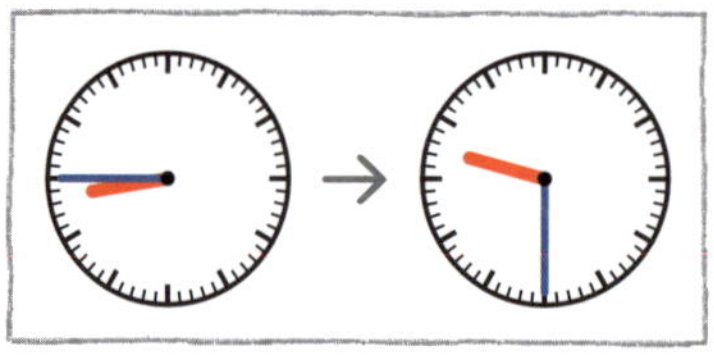 c) 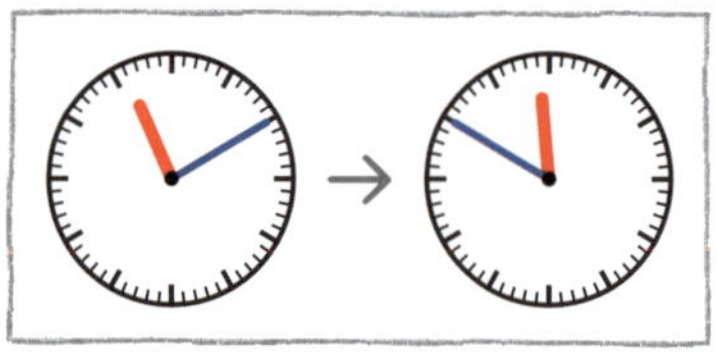

5 Wie lange dauert es?

a) von 11.15 Uhr bis 13.00 Uhr b) von 8.30 Uhr bis 10.00 Uhr
c) von 15.45 Uhr bis 17.00 Uhr d) von 14 Uhr bis 17.30 Uhr
e) von 19.30 Uhr bis 22.00 Uhr f) von 7.15 Uhr bis 10.00 Uhr

6 Schreibe deinen Lösungsweg und die passende Antwort in dein Heft.

a) Es gibt 83 Abenteuerbücher in der Schulbücherei. Zurzeit stehen aber nur 45 Abenteuerbücher im Regal. Wie viele Abenteuerbücher sind ausgeliehen worden?

b) Die Schulbücherei schließt heute um 14 Uhr. Anton kommt um 12.55 Uhr. Wie viel Zeit hat er noch?

7

a)	b)	c)	d)	e)
3 · 8	7 · 9	3 · 6	4 · 5	10 · 6
6 · 5	5 · 5	6 · 3	4 · 4	3 · 10
4 · 2	2 · 2	8 · 1	8 · 6	4 · 8
10 · 3	8 · 9	2 · 4	5 · 9	1 · 10
7 · 4	9 · 5	8 · 8	6 · 6	9 · 9

8

4er-Reihe	4	8								
5er-Reihe	5									
9er-Reihe	9									

Aufgaben zur Selbsteinschätzung als Kopiervorlage im Handbuch

1 Wie viel Uhr ist es jetzt?

a) In einer halben Stunde ist es halb sechs.

b) In einer Viertelstunde ist es Viertel vor acht.

c) In zwei Stunden ist es Viertel nach drei.

d) In zehn Minuten ist es zwanzig nach fünf.

e) In einer halben Stunde ist es Viertel vor elf.

f) In zwölf Stunden ist es 20 Uhr.

2 Setze fort.

a)
26 + 15
26 + 18
26 + 21

b)
34 + 18
35 + 18
36 + 18

c)
36 + 17
37 + 16
38 + 15

d)
56 − 38
56 − 39
56 − 40

e)
75 − 48
76 − 47
77 − 46

3 Bestimme die Anzahl der Kästchen, die durch die Flächen verdeckt werden. Unterteile jede Fläche in zwei Rechtecke. Schreibe zwei Malaufgaben und zähle sie zusammen.

S. 95 Nr. 3
A: 5 · 4 + 3 · 5 = (20) (15)

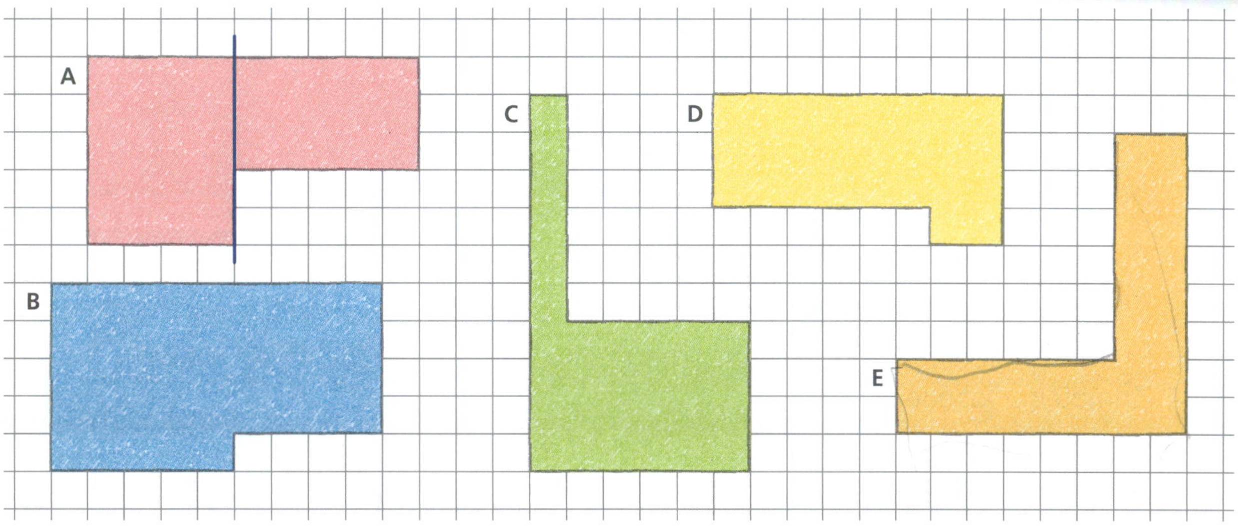

4 Finde zu jedem Ergebnis so viele Malaufgaben wie möglich.

a) 36　b) 24　c) 18　d) 16
e) 10　f) 12　g) 30　h) 27

S. 95 Nr. 4
a) 36 = 9 · 4
36 =

5

a)
3 · 8 = ■
4 · 5 = ■
6 · 6 = ■
8 · 1 = ■
2 · 9 = ■

b)
7 · ■ = 56
4 · ■ = 12
9 · ■ = 45
3 · ■ = 24
2 · ■ = 10

c)
■ · 6 = 30
■ · 8 = 32
■ · 9 = 81
■ · 4 = 32
■ · 5 = 40

d)
■ · ■ = 72
■ · ■ = 64
■ · ■ = 27
■ · ■ = 42
■ · ■ = 99

3 Mehrere Lösungen sind möglich

1 Wie heißen die passenden Aufgaben? Schreibe und rechne.

a) ★ b) ★ c) ★ d) ★ e) ★ f) ★
g) ★ h) ★ i) ★ j) ★ k) ★ l) ★

2 Wo stehen die Aufgaben? Trage das Dreieck in eine Einmaleins-Tabelle ein und rechne.

a) ▲ 7 · 6 b) ▲ 9 · 1 c) ▲ 10 · 10 d) ▲ 6 · 4
e) ▲ 8 · 9 f) ▲ 8 · 8 g) ▲ 3 · 3 h) ▲ 5 · 5

3 a) Trage die Ergebnisse der Kernaufgaben, die du schon kennst, in eine Einmaleins-Tabelle ein. Färbe die Felder gelb.

b) Rechne die Tauschaufgaben der Kernaufgaben. Trage die Ergebnisse in eine Einmaleins-Tabelle ein.

c) Trage weitere Ergebnisse ein, die du mithilfe der Kernaufgaben ausrechnen kannst.

4 Setze fort.

a) 3 · 5, 4 · 5, 5 · 5
b) 10 · 8, 9 · 8, 8 · 8
c) 6 · 1, 6 · 2, 6 · 3
d) 9 · 6, 9 · 5, 9 · 4
e) 10 · 0, 9 · 1, 8 · 2

5 Stellt euch Aufgaben und zeigt sie in der Einmaleins-Tabelle. Wechselt euch ab.

1 Schreibe zu jedem Punktebild die Malaufgabe und die Zerlegung.

a) 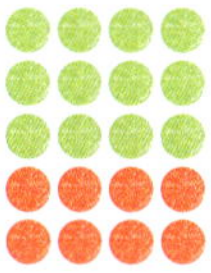
b) 
c) 
d) 
e) 

S. 97 Nr. 1

a) 5 · 4 = 3 · 4 + 2 · 4

2 Zeichne zu jeder Aufgabe ein Punktebild und schreibe eine Malaufgabe dazu.

a) 2 · 2 + 1 · 2
b) 6 · 5 + 1 · 5
c) 2 · 8 + 8 · 8
d) 1 · 9 + 4 · 9

S. 97 Nr. 2

a) ●● ●● ●● 2 · 2 + 1 · 2 = 3 · 2

e) 4 · 4 + 4 · 4
f) 2 · 5 + 2 · 5
g) 3 · 8 + 3 · 8
h) 5 · 10 + 5 · 10

3 Schreibe zu jeder Malaufgabe eine Zerlegung und rechne.

a) 7 · 8
b) 4 · 6
c) 4 · 8

S. 97 Nr. 3

a) 7 · 8 = 5 · 8 + 2 · 8 = 56 (40, 16)

d) 6 · 8
e) 8 · 3
f) 9 · 3

g) 10 · 4
h) 16 · 3
i) 6 · 13

4 a) Nehmt 18 Plättchen und legt damit verschiedene Malaufgaben. Verwendet immer alle Plättchen. Schreibt die Malaufgaben auf.

b) Probiert es auch mit 21, 36 und 37 Plättchen.

5 Immer zwei Aufgaben haben dasselbe Ergebnis. Wie heißt der Lösungssatz?

1	3 · 4
2	8 · 9
6	6 · 6
4	2 · 8
3	6 · 3
5	3 · 8

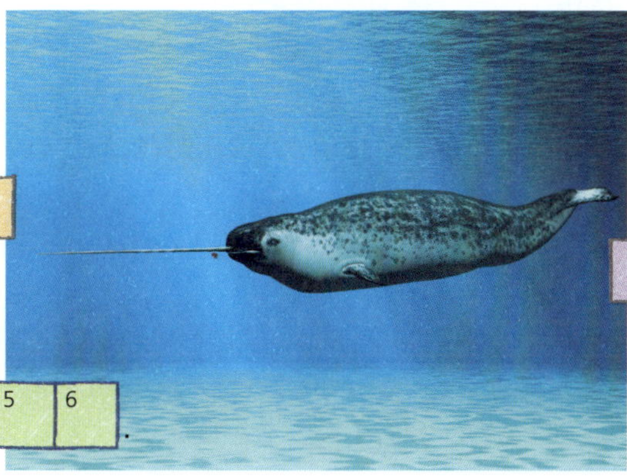

4 · 9	L
4 · 4	W
9 · 8	A
6 · 4	A
2 · 6	N
2 · 9	R

Das ist ein [1][2][3][4][5][6].

1, 2 Nur Zerlegungen aufschreiben
3 Eigene Zerlegungen finden
4 Möglichst viele Malaufgaben finden lassen

1

a) Schätze: Welche Schnecke hat den längsten Weg? Welche den kürzesten?

b) Miss die Länge der einzelnen Wege. Schreibe die Ergebnisse auf.

S.98 Nr.1

b) Schnecke 1: 5 cm + ___ cm + ___ cm + ___ cm = ___ cm

2 Zeichne die Strecken in dein Heft.

a) 4 cm b) 9 cm c) 5 cm
d) 10 cm e) 8 cm f) 3 cm
g) 7 cm h) 13 cm i) 11 cm

S.98 Nr.2

a) 4 cm

3 Zeichne die zusammengesetzten Strecken. Berechne die Gesamtlänge.

S.98 Nr.3

a) 5 cm 3 cm 4 cm 12 cm

a) 5 cm + 3 cm + 4 cm
b) 7 cm + 7 cm + 3 cm
c) 9 cm + 4 cm + 3 cm
d) 2 cm + 8 cm + 7 cm
e) 8 cm + 5 cm + 2 cm
f) 4 cm + 10 cm + 4 cm

4 Ergänze zu 1 m.

a) 40 cm + ■ cm = 100 cm
90 cm + ■ cm = 100 cm
28 cm + ■ cm = 100 cm

b) ■ cm + 9 cm = 100 cm
■ cm + 70 cm = 100 cm
■ cm + 94 cm = 100 cm

5 Ordne der Größe nach. Beginne mit der kürzesten Strecke. Verwende <.

4 m | 3 cm | 5 m | 13 cm | 7 m | 52 cm | 8 cm | 6 cm

S.98 Nr.5

3 cm <

6 Ordne der Größe nach. Beginne mit der längsten Strecke. Verwende >.

1 m 17 cm | 2 m | 1 m 70 cm | 98 cm | 1 m 43 cm | 1 m 7 cm

1 Zeichne die Rechtecke mit dem Lineal.
Schreibe die Maße an die Seiten.

a) Länge 4 cm
Breite 2 cm

b) Länge 6 cm
Breite 3 cm

c) Länge 5 cm
Breite 1 cm

2 Zeichne die Quadrate mit dem Lineal.
Schreibe die Maße an die Seiten.

a) Länge 3 cm **b)** Länge 5 cm

c) Länge 1 cm **d)** Länge 2 cm

e) Länge 4 cm **f)** Länge 7 cm

3 Zeichne die Figuren mit dem Lineal ab.

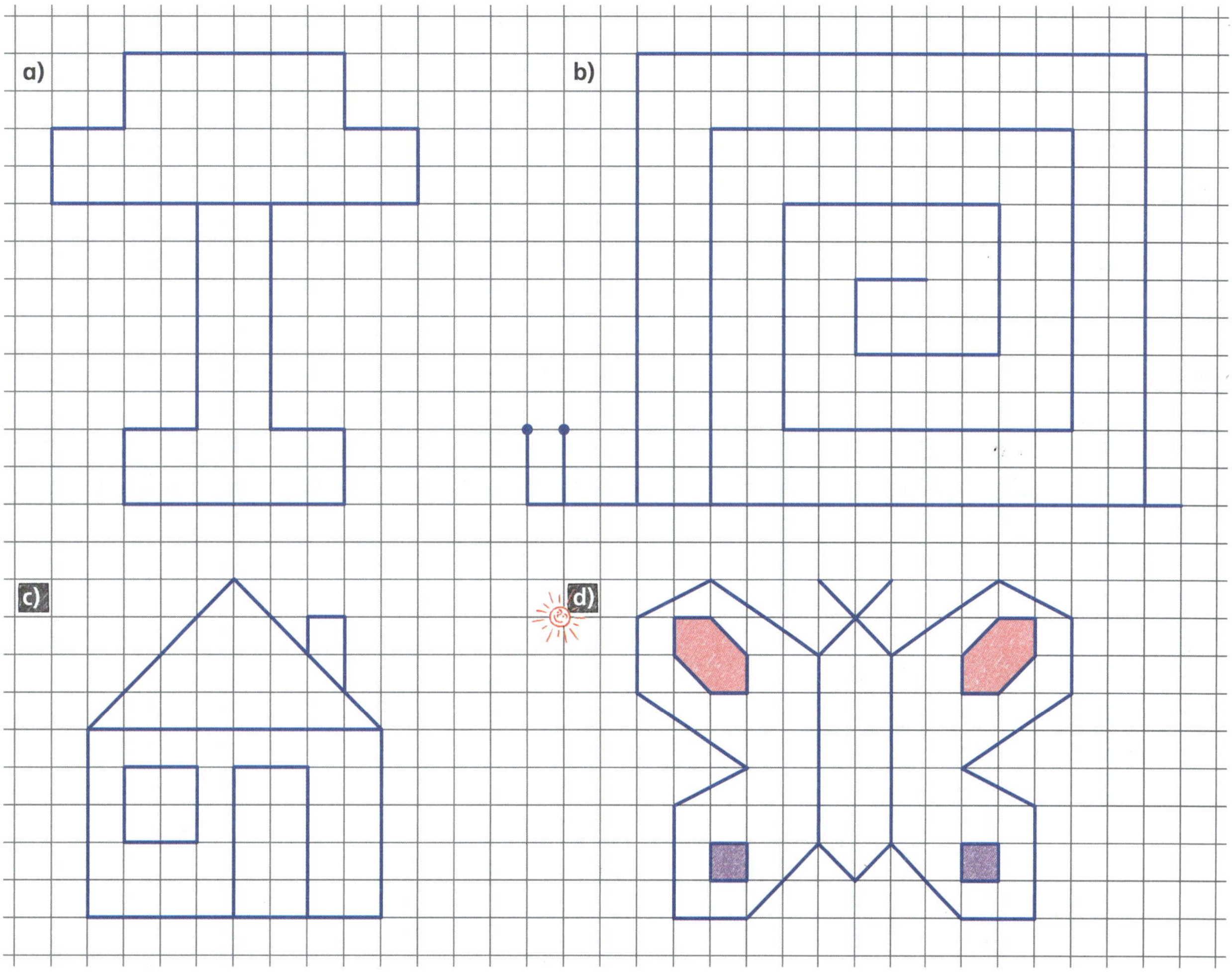

4 Erfinde eigene Figuren und zeichne sie mit dem Lineal in dein Heft.

1 Zeichne Punktebilder zu den Malaufgaben. Umrande sie.
Bei welchen Aufgaben entsteht ein Quadrat?

a) 2 · 4 **b)** 5 · 5 **c)** 6 · 3 **d)** 4 · 4

e) 7 · 7 **f)** 4 · 9 **g)** 6 · 6 **h)** 5 · 2

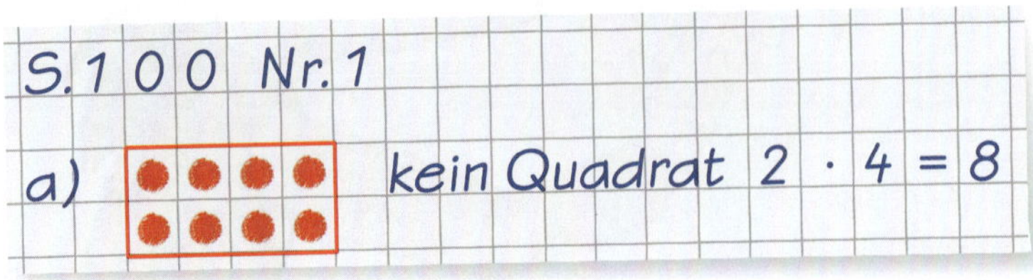

2 **a)** Welche Zahlen sind Quadratzahlen?
Zeichnet zu diesen Zahlen das passende Quadrat und schreibt die Malaufgabe dazu.

4 25 100 20 6 9 64

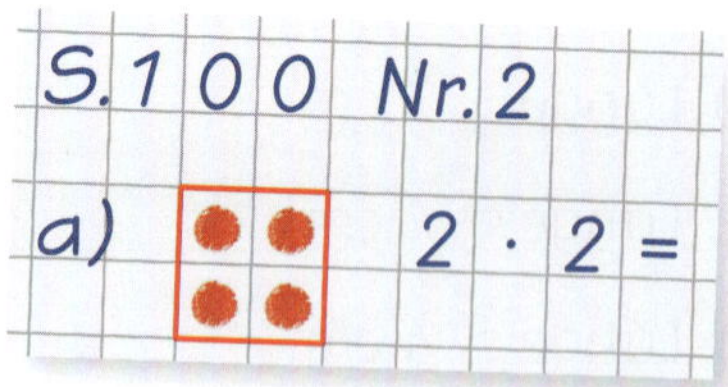

b) Welche anderen Quadratzahlen gibt es noch, die kleiner als 100 sind?

3

4 >, < oder = ?

a) 5 · 5 ● 28
3 · 3 ● 12
9 · 9 ● 81

b) 10 · 10 ● 98
8 · 8 ● 54
4 · 4 ● 16

c) 2 · 2 ● 14
7 · 7 ● 49
6 · 6 ● 35

5 Rechne mithilfe der Quadratzahlen.

a) 7 · 6 **b)** 6 · 5

c) 8 · 7 **d)** 8 · 9

e) 3 · 4 **f)** 9 · 10

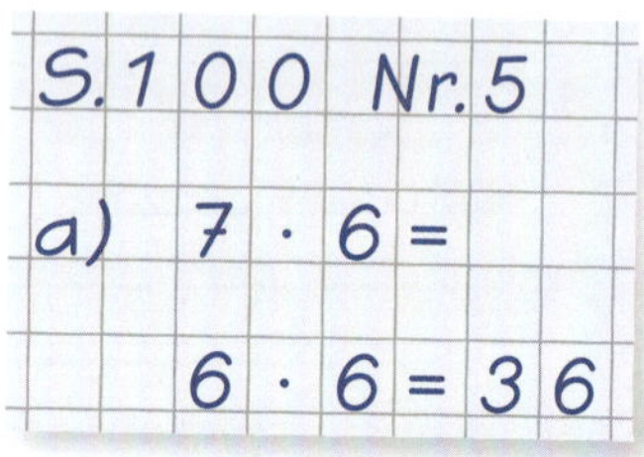

6 Die geheimnisvolle Regel:

5 · 5 4 · 6	3 · 3 2 · 4	6 · 6 5 · 7	2 · 2 1 · 3

a) Rechnet immer beide Aufgaben aus. Findet die geheimnisvolle Regel.

b) Findet mindestens noch ein weiteres Aufgabenpaar, das zu der Regel passt.

c) Nehmt Steckwürfel oder Kästchenpapier und versucht herauszufinden, warum die Regel gilt.

1 Rechne mit einer Malaufgabe aus.
Denke an die Tauschaufgabe.

a) Mila kauft 4 Bücher. Wie viel muss sie bezahlen?

b) Eliah kauft 2 Bücher und sein Bruder Jona kauft 3 Bücher. Wie viel bezahlen sie zusammen?

c) Wie viel kosten 10 Bücher?

2 Zu jeder gelben Karte passt eine blaue Karte.
Ordnet zu, rechnet aus und schreibt in euer Heft.

a) 14 + 7 b) die Hälfte von 70
c) 7 + 7 d) 14 + 14 e) 21 + 21
f) 35 + 14 g) 21 + 21 + 14 h) 70 − 7

3 · 7 2 · 7 8 · 7 6 · 7 7 · 7 5 · 7 4 · 7 9 · 7

S. 101 Nr. 2
a) 14 + 7 = 3 · 7 = 21

3
1 · 7 = ■
2 · 7 = ■
3 · 7 = ■
4 · 7 = ■
5 · 7 = ■
6 · 7 = ■
7 · 7 = ■
8 · 7 = ■
9 · 7 = ■
10 · 7 = ■

4 Eine der schwierigsten Aufgaben im kleinen Einmaleins ist 8 · 7.
Überlegt, wie man die Aufgabe ausrechnen kann und stellt eure Idee der Klasse vor.

5 Warum sind einige Felder gelb gefärbt? Erkläre.

·	0	1	2	3	4	5	6	7	8	9	10
0	0	0	0	0	0	0	0	0	0	0	0
1	0	1	2	3	4	5	6	7	8	9	10
2	0	2	4	6	8	10	12	14	16	18	20
3	0	3	6	9	12	15	18	21	24	27	30
4	0	4	8	12	16	20	24	28	32	36	40
5	0	5	10	15	20	25	30	35	40	45	50
6	0	6	12	18	24	30	36	42	48	54	60
7	0	7	14	21	28	35	42	49	56	63	70
8	0	8	16	24	32	40	48	56	64	72	80
9	0	9	18	27	36	45	54	63	72	81	90
10	0	10	20	30	40	50	60	70	80	90	100

6 Übe mit deinem Partner die Aufgaben der gelb gefärbten Felder.

5 Über die Einmaleins-Tabelle sprechen. Strukturen und Zusammenhänge der Kernaufgaben, ihren Tauschaufgaben und Quadratzahlen erkennen

1

2 Legt die Situationen mit Material nach. Zeichnet passende Punktebilder.

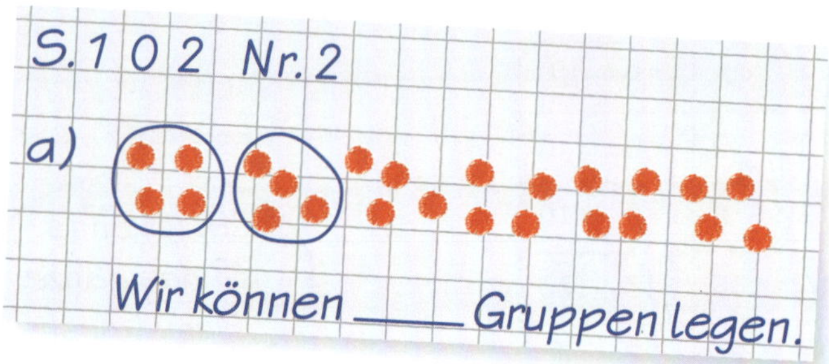

a) Teilt 24 Plättchen in 4er-Gruppen auf. Wie viele Gruppen könnt ihr legen?

b) In jede Tüte sollen 7 Bonbons. Wie viele Tüten braucht ihr für 28 Bonbons?

c) Teilt 9 Kinder in 3er-Gruppen auf. Wie viele Gruppen könnt ihr bilden?

d) Wie viele 5er-Türme könnt ihr mit 20 Steckwürfeln bauen?

3 Erfinde zu jedem Punktebild eine Rechengeschichte wie in Aufgabe 2.

a)

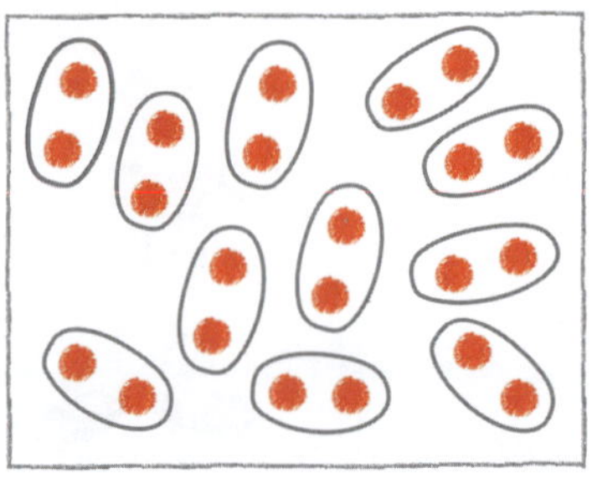

b)

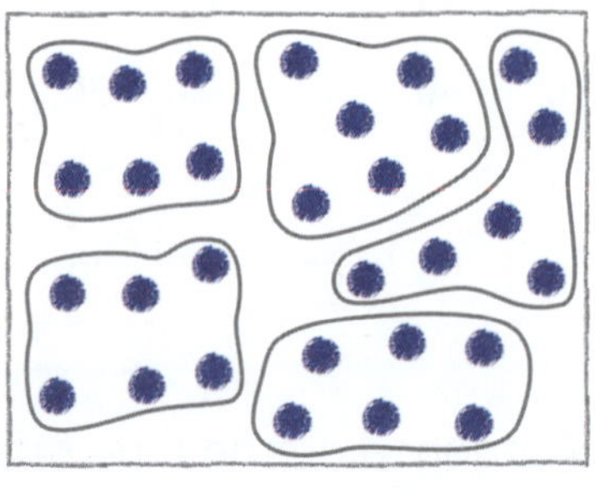

c)

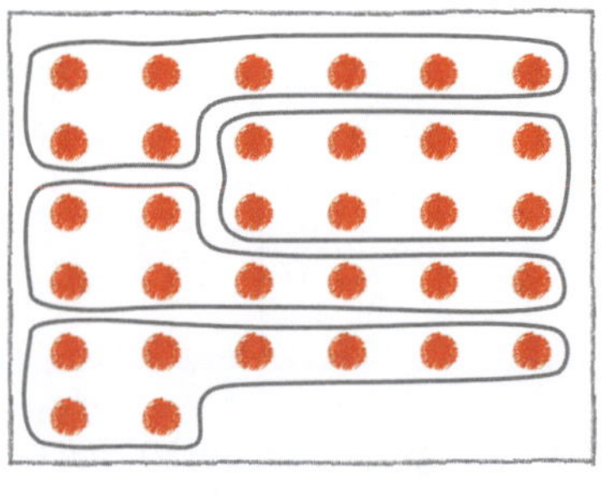

1

2 Legt die Situationen mit Material nach. Zeichnet passende Punktebilder.

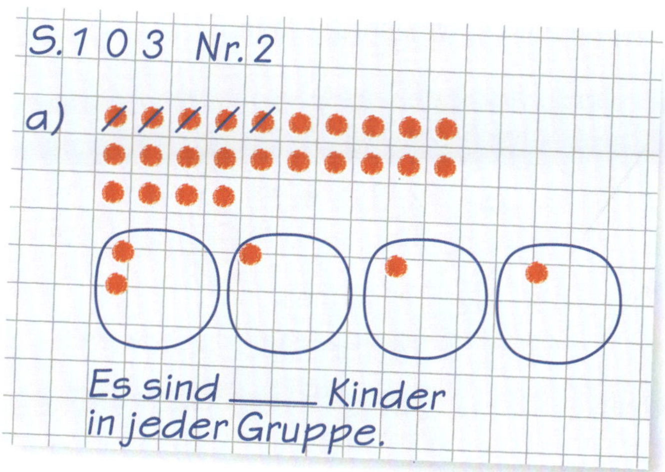

a) 24 Kinder sollen auf 4 gleich große Gruppen verteilt werden. Wie viele Kinder sind dann in jeder Gruppe?

b) 18 Murmeln sollen gerecht an 2 Kinder verteilt werden. Wie viele Murmeln bekommt jedes Kind?

c) 32 Karten sollen auf 4 Kinder verteilt werden. Wie viele Karten bekommt jedes Kind?

d) Aus 16 Steckwürfeln sollen 2 gleich große Türme gebaut werden. Wie viele Steckwürfel sind in jedem Turm?

3 Vergleicht Aufgabe 2 von Seite 102 mit Aufgabe 2 dieser Seite.

a) Welche Unterschiede gibt es beim Nachspielen?

b) Welche Unterschiede gibt es beim Zeichnen der Punktebilder?

1 Über Verteilsituationen sprechen
3a/b Über die Unterschiede beim Aufteilen und Verteilen sprechen

1

Aus 21 Steckwürfeln sollen 3er-Stangen gebaut werden.

Aus 21 Steckwürfeln sollen 3 gleich lange Stangen gebaut werden.

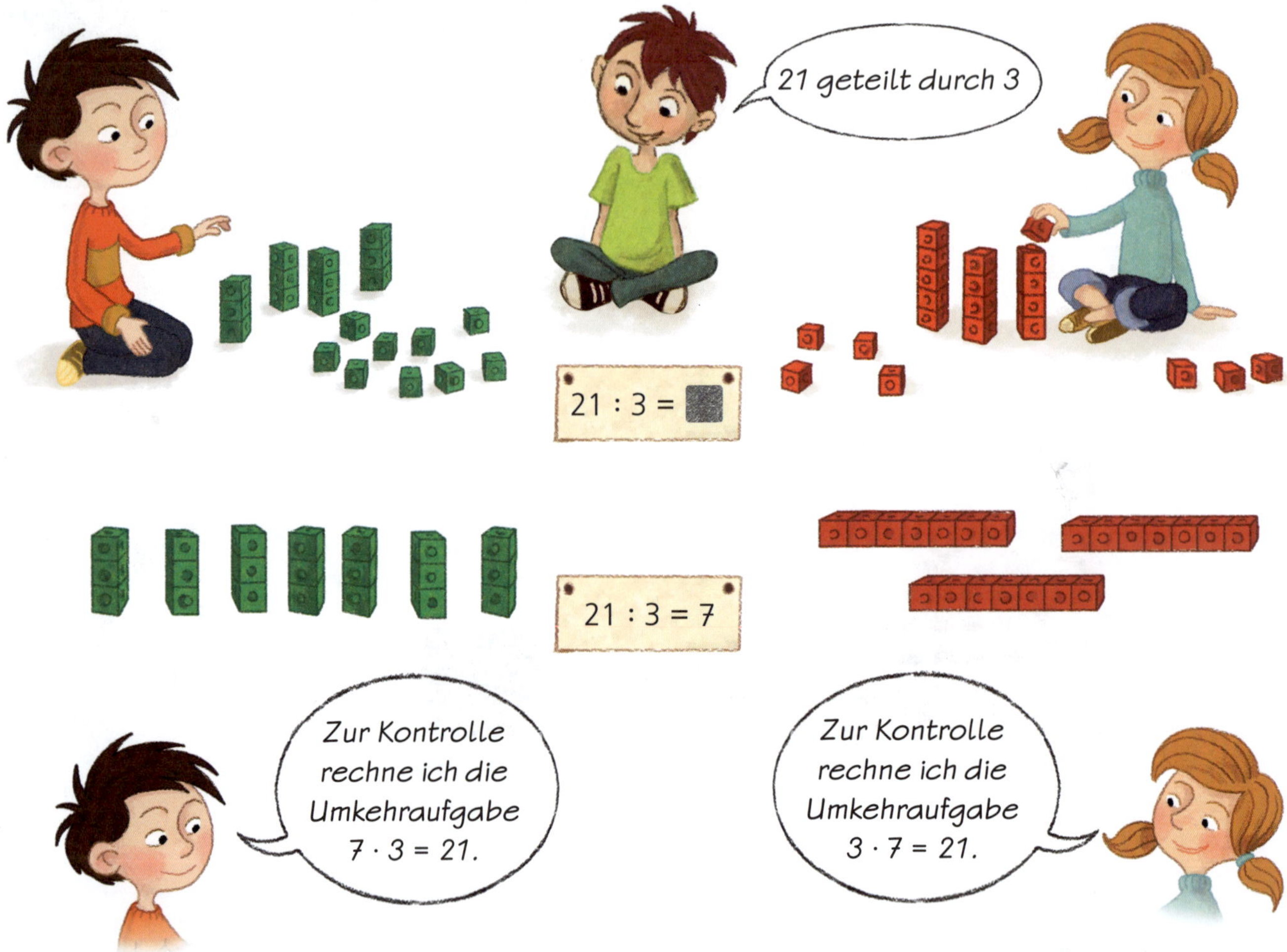

2 Schreibe die passende Geteiltaufgabe. Kontrolliere mit der Umkehraufgabe. Denke auch an den Antwortsatz.

a) 28 Bilder werden an 4 Kinder verteilt.

b) Aus 24 Blumen werden Sträuße zu jeweils 6 Blumen gebunden.

c) 30 Kinder werden in 5er-Gruppen aufgeteilt.

d) 15 Kaninchen werden auf 5 Ställe verteilt.

e) 24 Mathebücher werden an 24 Kinder verteilt.

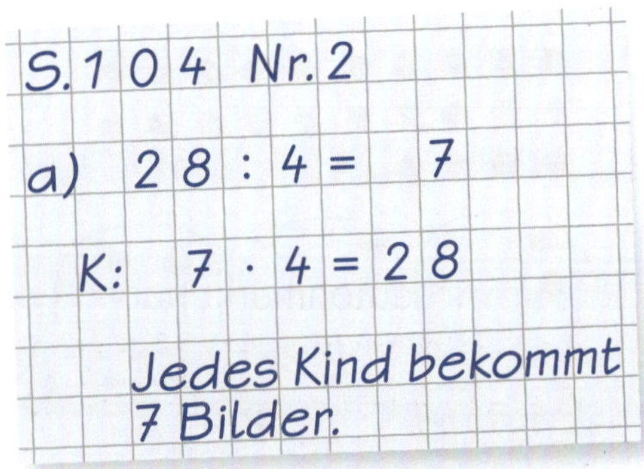

3 Kontrolliere mit der Umkehraufgabe.

a)	b)	c)	d)	e)
20 : 10	27 : 3	20 : 2	64 : 8	24 : 3
18 : 2	36 : 4	35 : 5	30 : 3	14 : 2
15 : 5	28 : 7	72 : 9	40 : 5	36 : 6
6 : 2	48 : 8	6 : 3	56 : 7	50 : 10
9 : 3	10 : 1	12 : 6	63 : 9	50 : 5

1 „Geteilt" für Auf- und Verteilsituationen kennenlernen; „Geteilt" als Umkehrung der Multiplikation kennenlernen

1 a) 20 : 2 | 30 : 3 | 40 : 4 | 50 : 5 | 60 : 6

b) 35 : 7 | 42 : 7 | 49 : 7 | 56 : 7 | 70 : 7

c) 48 : 8 | 56 : 8 | 64 : 8 | 72 : 8 | 80 : 8

d) 24 : 8 | 24 : 6 | 24 : 4 | 24 : 3 | 24 : 2

e) 12 : 12 | 0 : 5 | 40 : 20 | 3 : 3 | 50 : 50

2 Finde die Aufgabenfamilie.

a) 5, 8, 40

b) 9, 4, 36

c) 1, 2, 2

d) 2, 7, 14

e) 9, 3, 27

S. 105 Nr. 2

a) 5 · 8 = 40

8 · 5 =

40 : 8 =

40 : 5 =

3 a)

·	4	8	7
3			
5			
7			

b)

·	1	9	10
4			
5			
		81	

c)

·		6	
	10		16
	30	36	
			64

4 a)

:	2	3	6
6			
60			
12			

b)

:	1	3	6
18			
24			
30			

c)

:	4		6
24		8	
			6
60			

5 a) Beim Schulflohmarkt haben Lisa, Tim und Felix zusammen 27 € eingenommen. Sie wollen das Geld gerecht verteilen. Wie viel bekommt jeder?

b) Anila hat 6 Bücher verkauft. Für jedes Buch hat sie 3 € bekommen. Wie viel Geld hat sie ingesamt bekommen?

c) Immer 2 Kinder sollten sich einen Tisch als Stand teilen. In der Klasse 2d sind 28 Kinder. Wie viele Tische wurden benötigt?

Knobelaufgabe

Mit welchen drei Formen lässt sich die lilafarbene Figur auslegen? Löse im Kopf.

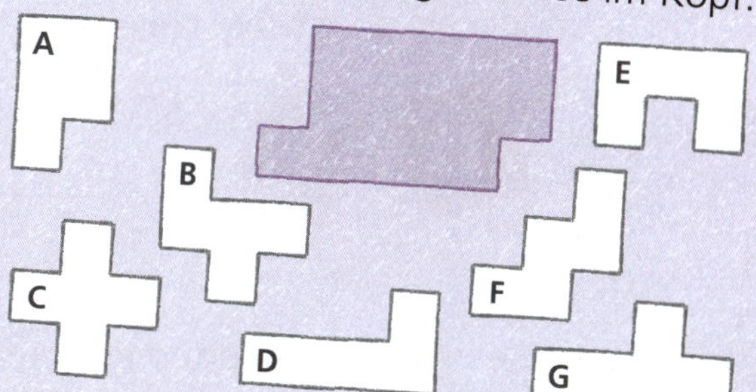

1 Ggf. mithilfe von Material lösen

5 Lösungsweg und passenden Antwortsatz im Heft notieren

1 Tim hat vier Lastwagen und zwei Anhänger.

a) Wie viele verschiedene Lastzüge mit Anhängern kann Tim nacheinander zusammenstellen? Zeichne.

b) Schreibe eine passende Malaufgabe auf.

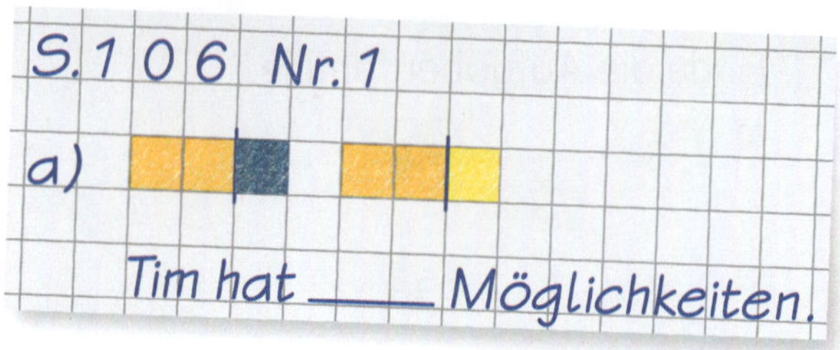

2 Findet alle Zahlen unter 100, die ihr mit den Ziffernkärtchen legen könnt. Schreibt sie auf.

1 2 3

3 Lotta möchte Vierertürme bauen. Sie hat rote, gelbe, grüne und blaue Steckwürfel. In jedem Turm darf jede Farbe nur einmal vorkommen. Wie viele verschiedene Türme kann Lotta bauen?

a) Findet alle Türme und zeichnet sie in euer Heft.

b) Schreibt eine passende Malaufgabe auf.

4 Wie viele verschiedene Sätze kannst du aus den sechs Wörtern bilden?

Mia | Tim | lacht | malt | singt | rechnet

5 Bilde Wörter und Buchstabenfolgen aus den Buchstaben T und O. Jeder Buchstabe muss 2-mal vorkommen. Welche Wörter entdeckst du?

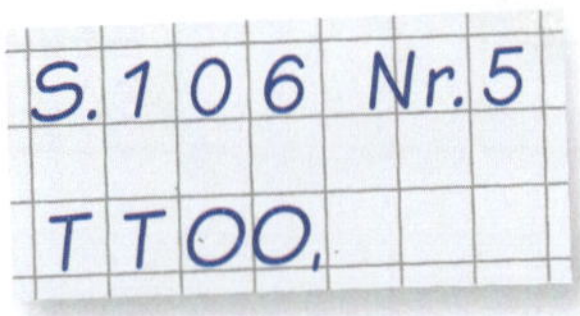

6 Laura und Jan spielen mit drei Würfeln. Welche Möglichkeiten gibt es, 11 Punkte zu erhalten? Findet möglichst viele Möglichkeiten.

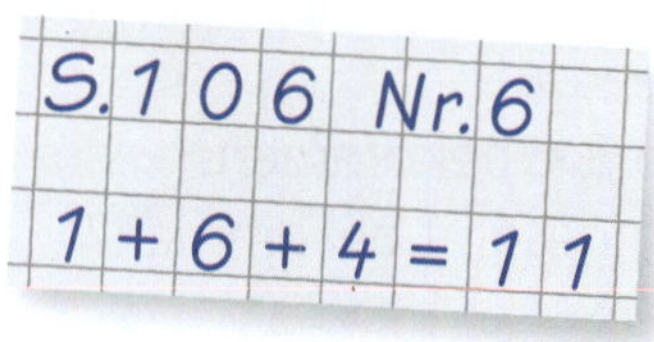

7 Bildet mit je zwei Zahlenkarten Plusaufgaben. Wie viele verschiedene Ergebnisse sind möglich?

13 | 57 | 31 | 26

3a Ggf. Türme mit Steckwürfeln bauen **3b** Malaufgaben können sich auf die Anzahl der Türme oder auf die Anzahl der Steckwürfel beziehen **2, 4–6** Ggf. mit Material legen

8 Lena möchte zwei Kugeln Eis kaufen.
Sie wählt eine Kugel Milcheis
und eine Kugel Fruchteis aus.
Wie viele Möglichkeiten hat sie?

S. 107 Nr. 8

a)

	Aprikose	Erdbeer	Blaubeer
Vanille	● ●	● ●	● ●
Schoko	● ●		
Pistazie			
Stracciatella			

a) Zeichne eine Tabelle.

b) Schreibe eine passende Malaufgabe auf.

c) Nick wählt zwei Kugeln Milcheis aus. Zeichnet eine Tabelle.
Was fällt euch auf?

9 Finn möchte ein Geschenk für seine Schwester einpacken.
Er hat rotes, grünes und blaues Geschenkpapier.
Im Schrank hat Finn noch gelbes und lila Geschenkband gefunden.
Wie viele Möglichkeiten hat Finn das Geschenk einzupacken?
Zeichne eine Tabelle.

10 Laura hat beim Würfeln drei gleiche Zahlen und ein Zahlenpaar gewürfelt.
Wie viele verschiedene Möglichkeiten gibt es dafür?

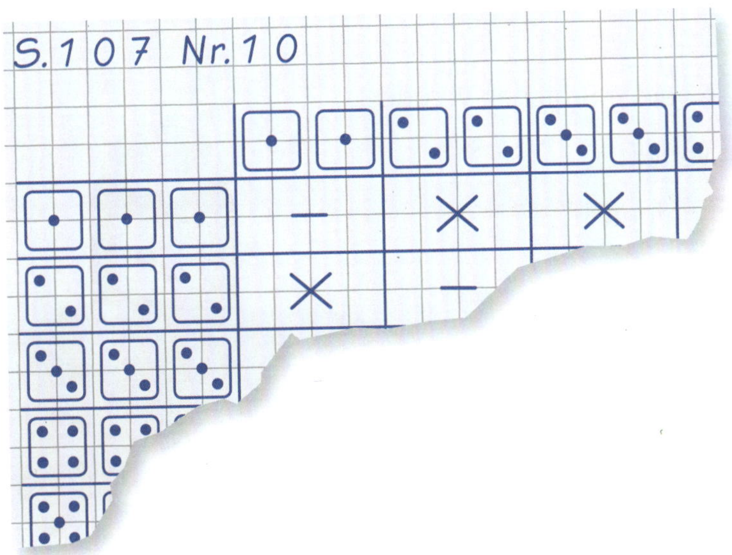

1 Schreibe zu jeder Malaufgabe eine Zerlegung und rechne.

a) 6 · 9   b) 8 · 4   c) 5 · 6   d) 7 · 8   e) 9 · 9   f) 10 · 5

2 Welche Katze hat den kürzesten Weg? Miss die Längen der einzelnen Wege.

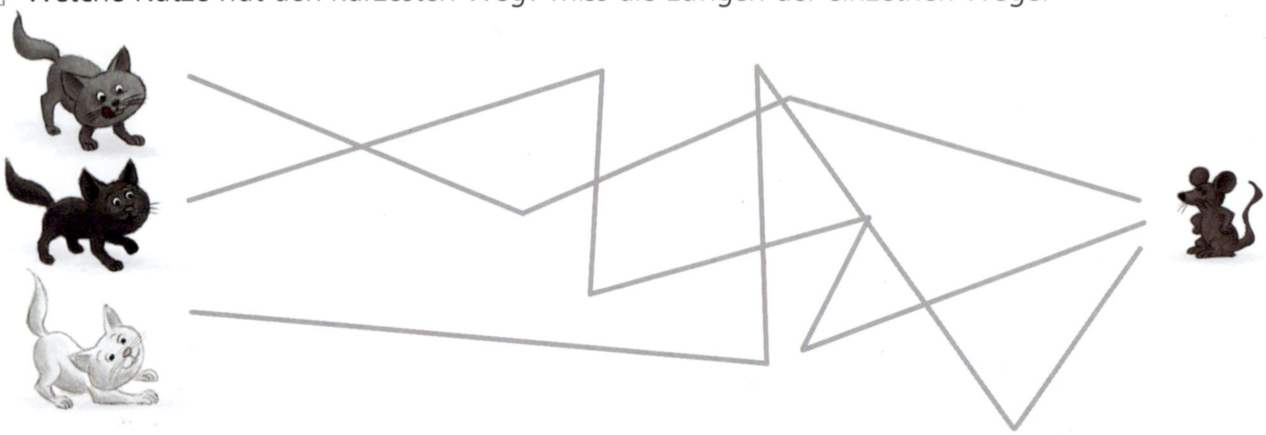

3 Zeichne die Strecken.

a) 6 cm   b) 2 cm   c) 9 cm   d) 1 cm   e) 12 cm

4 Zeichne die Rechtecke.

a) Länge 3 cm, Breite 4 cm   b) Länge 1 cm, Breite 6 cm   c) Länge 2 cm, Breite 5 cm

5 Zeichne die Quadrate.

a) Länge 6 cm   b) Länge 4 cm   c) Länge 1 cm   d) Länge 9 cm   e) Länge 5 cm

6

a)	b)	c)	d)	e)
6 · 7	6 · 6	9 · 4	14 : 2	28 : 7
9 · 7	2 · 2	5 · 3	25 : 5	42 : 6
5 · 7	7 · 7	6 · 9	32 : 4	81 : 9
8 · 7	9 · 9	7 · 4	18 : 3	36 : 4
4 · 7	8 · 8	3 · 6	24 : 6	56 : 8

7 Schreibe die passende Geteiltaufgabe. Kontrolliere mit der Umkehraufgabe. Denke auch an den Antwortsatz.

a) 32 Brötchen werden in Tüten zu jeweils 4 Brötchen verpackt.

b) 42 Murmeln werden an 7 Kinder verteilt.

c) 24 Kinder werden in 6er-Gruppen aufgeteilt.

8 Beim Frühstück kann Leo entweder ein normales Brötchen oder ein Körnerbrötchen essen. Als Belag gibt es Kirschmarmelade, Käse und Salami zur Auswahl.

Wie viele Möglichkeiten hat Leo für sein Frühstück? Zeichne eine Tabelle.

Aufgaben zur Selbsteinschätzung als Kopiervorlage im Handbuch

1 Lina würfelt 5-mal und zählt zusammen.

a) Welches ist das größtmögliche Ergebnis?

b) Welches ist das kleinstmögliche Ergebnis?

2 Felix würfelt 3-mal mit einem Würfel.
Die Augenzahlen ergeben zusammen 14.
Wie könnte er gewürfelt haben? Finde fünf Möglichkeiten.

3 69 7 55 48 81 45 11 75 33 6 9 66 18 88

a) Welche Zahlen aus der 11er-Reihe kannst du auf den Zahlenkärtchen finden?

b) Finde zwei Zahlen, die zusammen fast 100 ergeben.

c) Finde zwei Zahlen, deren Unterschied möglichst klein ist.

d) Erfinde eigene Aufgaben zu den Zahlenkarten und stelle sie deinem Partner.

4 Setze die richtigen Zahlen ein. Gleiches Zeichen bedeutet gleiche Zahl.

a) □ · ◇ = □
◇ + ◇ = 16

b) ◇ : □ = ○ 4
□ + ○ = 10

c) □ · □ = □
○ + 6 = ◇ 13

d) □ : ○ = ○
○ · ○ = □
○ + 10 = ◇ 17

e) ◇ · ◇ = ◇
◇ + ◇ = ○ 2
○ − ◇ = ◇

f) □ · ○ = 35
□ + ○ = ○ 12
○ + 5 = ○

5 Zeichne den Start- und Zielpunkt im Abstand von 6 cm in dein Heft.
Zeichne dann Verbindungslinien in der vorgegebenen Farbe und Länge.

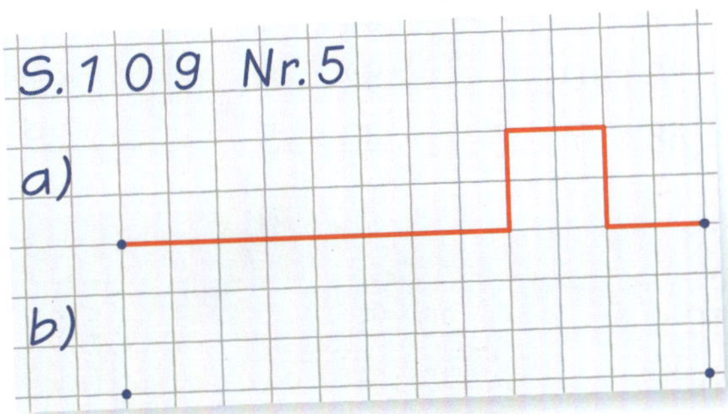

a) 8 cm
b) 10 cm
c) 12 cm
d) 7 cm
e) 9 cm
f) 6 cm

1

2 Wie viele Sträuße kannst du binden? Wie viele Blumen bleiben übrig?

a) Binde aus 22 Blumen Sträuße mit jeweils 5 Blumen.
b) Binde aus 22 Blumen Sträuße mit jeweils 6 Blumen.
c) Binde aus 22 Blumen Sträuße mit jeweils 7 Blumen.
d) Binde aus 22 Blumen Sträuße mit jeweils 8 Blumen.
e) Binde aus 28 Blumen Sträuße mit jeweils 4 Blumen.
f) Binde aus 28 Blumen Sträuße mit jeweils 5 Blumen.
g) Binde aus 28 Blumen Sträuße mit jeweils 6 Blumen.

S. 110 Nr. 2
a)
22 : 5 = 4 Rest 2
K: 4 · 5 + 2 = 22
Ich kann ____ Sträuße binden. ____ Blumen bleiben übrig.

3 Rechne die Geteiltaufgabe und die Kontrolle.

S. 110 Nr. 3
a) 22 : 8 = 2 Rest 6
K: 2 · 8 + 6 = 22

a)	b)	c)
22 : 8	56 : 10	53 : 6
20 : 5	73 : 9	41 : 5
37 : 9	28 : 3	32 : 4

d)	e)	f)
17 : 2	44 : 6	65 : 9
38 : 10	52 : 8	41 : 8
68 : 7	38 : 5	29 : 4

4 Setze fort.

a)	b)	c)	d)	e)
4 : 4	10 : 2	5 : 10	20 : 5	5 : 3
6 : 4	20 : 2	15 : 10	22 : 5	10 : 3
8 : 4	30 : 2	25 : 10	24 : 5	15 : 3

1 Über Aufteilsituationen mit Rest sprechen; ggf. nachspielen

1

2 Wie viele Sticker bekommt jedes Kind?
Wie viele Sticker bleiben übrig?

a) Verteile 15 Sticker an 2 Kinder.
b) Verteile 15 Sticker an 3 Kinder.
c) Verteile 15 Sticker an 4 Kinder.
d) Verteile 15 Sticker an 5 Kinder.
e) Verteile 23 Sticker an 3 Kinder.
f) Verteile 23 Sticker an 4 Kinder.
g) Verteile 23 Sticker an 5 Kinder.

S. 111 Nr. 2

a)

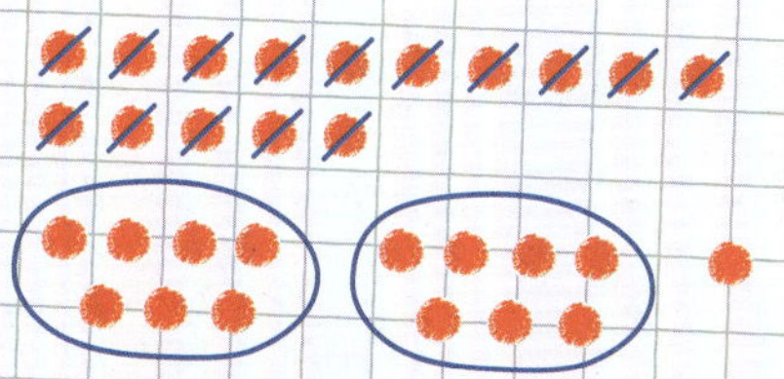

15 : 2 = 7 Rest 1

K: 2 · 7 + 1 = 15

Jedes Kind bekommt ____ Sticker.
____ Sticker bleibt übrig.

3 Rechne die Geteiltaufgabe und die Kontrolle.

S. 111 Nr. 3

a) 21 : 2 = 10 Rest 1

K: 2 · 10 + 1 = 21

a)	b)	c)
21 : 2	29 : 6	45 : 5
30 : 3	26 : 9	46 : 6
31 : 3	62 : 9	47 : 7
d)	**e)**	**f)**
71 : 10	35 : 4	63 : 8
56 : 10	34 : 6	61 : 7
29 : 10	33 : 4	59 : 8

4 Setze fort. Rechne mindestens 5 weitere Aufgaben.

a)	b)	c)	d)	e)
16 : 4	9 : 3	16 : 4	20 : 3	32 : 3
17 : 4	10 : 3	16 : 5	20 : 4	33 : 4
18 : 4	11 : 3	16 : 6	20 : 5	34 : 5

1 Über Verteilsituationen mit Rest sprechen; ggf. nachspielen

1 Kontrolliere mit der Umkehraufgabe.

a)	b)	c)	d)	e)
42 : 7	53 − 28	32 : 4	34 − 18	36 : 9
36 : 6	99 − 88	63 : 9	79 − 68	36 − 9
72 : 9	45 − 36	42 : 6	63 − 28	56 : 7
45 : 5	78 − 32	24 : 8	87 − 49	64 − 8

2 >, < oder = ?

a)	b)	c)	d)
3 · 6 ● 9 · 3	12 : 6 ● 8 : 4	12 + 36 ● 7 · 8	63 + 28 ● 100 − 11
4 · 6 ● 8 · 3	45 : 9 ● 21 : 7	45 + 26 ● 8 · 10	24 + 38 ● 83 − 25
7 · 5 ● 4 · 8	40 : 4 ● 100 : 2	28 + 35 ● 7 · 9	17 + 19 ● 76 − 41
5 · 7 ● 9 · 6	56 : 7 ● 36 : 4	32 + 33 ● 8 · 8	54 + 18 ● 99 − 27

3 Wie heißt der Lösungssatz?
In jeder Raupe ist ein Wort verborgen.

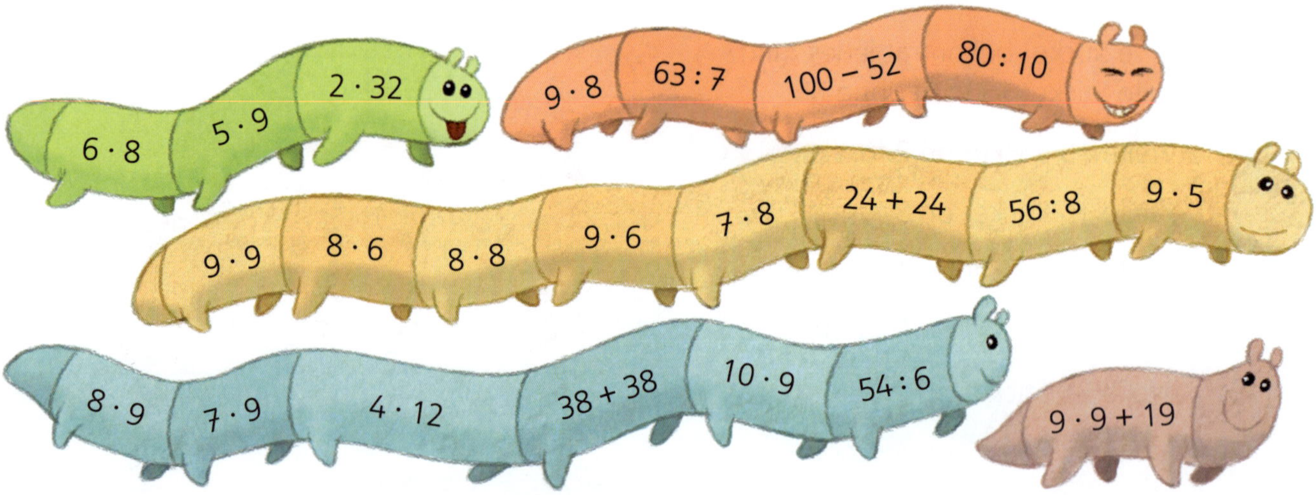

C	D	E	H	I	K	L	P	R	S	T	W	Z	!
7	8	9	45	48	54	56	63	64	72	76	81	90	100

4 Setze fort.

a)	b)	c)	d)	e)
2 · 3	55 : 5	41 + 29	56 − 17	6 · 6
4 · 4	56 : 5	42 + 28	57 − 18	7 · 5
6 · 5	57 : 5	43 + 27	58 − 19	8 · 4

5 Setze die richtigen Zahlen ein. Gleiches Zeichen bedeutet gleiche Zahl.

a) 7 + ♥ = 8 · ♥
◆ · 9 = 50 − ◆

b) 7 · ▲ = 0 + ▲
⬟ : 8 = 45 − ⬟

c) 59 + ◆ = 71 − ◆
● − 21 = ● : 4

1 Finde alle Lösungen.

a)
8 · ■ < 40
5 · ■ < 20
4 · ■ < 5
6 · ■ < 32

S. 1 1 3 Nr. 1
a) 8 · ___ < 4 0
Lösungen: 0, 1, 2,

b)
37 > 6 · ■
48 > 8 · ■
70 > 9 · ■
14 > 7 · ■

c)
44 > ■ · 4
60 > ■ · 7
11 > ■ · 3
100 > ■ · 10

2 Finde alle Lösungen.

a)
15 : 5 > ■
16 : 4 > ■
9 : 3 > ■
4 : 2 > ■
18 : 6 > ■

b)
■ < 42 : 6
■ < 48 : 8
■ < 35 : 5
■ < 49 : 7
■ < 24 : 4

c)
■ : 4 < 5
■ : 10 < 3
■ : 1 < 7
■ : 5 < 9
■ : 8 < 4

3 Finde alle Lösungen.

a)
72 + ■ < 80
56 + ■ < 61
44 + ■ < 46
5 + ■ < 6
37 + ■ < 42

b)
■ + 66 < 72
■ + 24 < 28
■ + 1 < 9
■ + 48 < 54
■ + 53 < 59

c)
16 − ■ < 4
99 − ■ < 6
10 − ■ < 8
61 − ■ < 5
20 − ■ < 13

d)
■ − 20 < 6
■ − 10 < 9
■ − 14 < 3
■ − 8 < 4
■ − 13 < 7

4 Wie heißt die gesuchte Zahl?

a)
Meine Zahl gehört zur 5er-Reihe. Sie ist größer als 22 und kleiner als 28.
Luisa

b)
Meine Zahl gehört zur 6er-Reihe und zur 8er-Reihe. Sie ist größer als 30 und kleiner als 50.
Ali

c)
Meine Zahl ist die größte Zahl aus der 7er-Reihe, die kleiner als 30 ist.
Lena

1 Über Lösungsmengen sprechen

1

2 Wie heißt die gesuchte Zahl? Zeichne zu jeder Aufgabe ein Pfeildiagramm und schreibe einen Antwortsatz wie bei Aufgabe 1.

a) Mara denkt sich eine Zahl. Wenn sie die Zahl mit 6 multipliziert, erhält sie 36.

b) Aaron denkt sich eine Zahl. Wenn er die Zahl durch 4 dividiert, erhält er 8.

c) Luise denkt sich eine Zahl. Wenn sie 25 addiert, erhält sie 50.

d) Tarek denkt sich eine Zahl. Wenn er 17 subtrahiert, erhält er 19.

3 Erzählt zu jeder Aufgabe ein Zahlenrätsel. Zeichnet ein Pfeildiagramm und schreibt einen Antwortsatz.

a)	b)	c)	d)
■ · 6 = 42	■ : 4 = 6	■ + 16 = 50	■ – 45 = 10
■ · 4 = 32	■ : 6 = 3	■ + 30 = 90	■ – 60 = 22
■ · 8 = 24	■ : 5 = 8	■ + 15 = 75	■ – 43 = 17

4 Wie heißt die gesuchte Zahl? Zeichne zu jeder Aufgabe ein Pfeildiagramm und schreibe einen Antwortsatz.

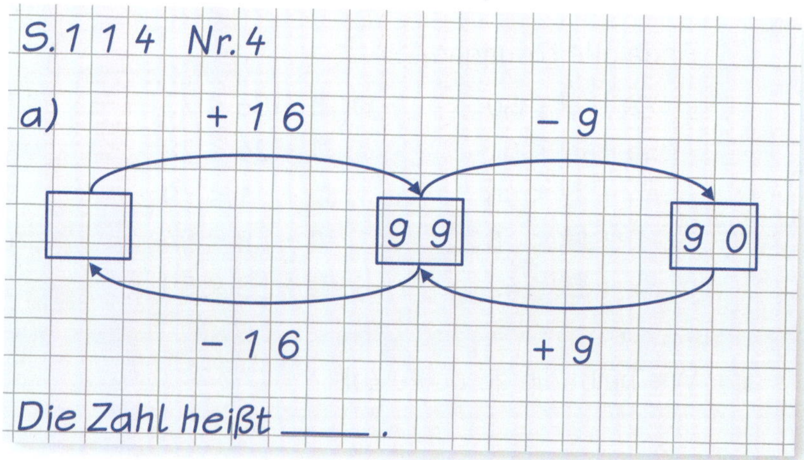

a) Anna denkt sich eine Zahl. Sie addiert zuerst 16, dann subtrahiert sie 9 und erhält 90.

b) Lars denkt sich eine Zahl. Er dividiert sie durch 3, dann addiert er 92 und erhält 100.

c) Ella denkt sich eine Zahl. Sie subtrahiert 16, dann dividiert sie durch 6 und erhält 9.

d) Mira denkt sich eine Zahl. Sie addiert 37, dann dividiert sie durch 7 und erhält 8.

5 Denke dir ein eigenes Zahlenrätsel aus und lass es von deinem Partner lösen.

1 Über Umkehroperatoren sprechen; ggf. Begriffe Summe, Summand, Differenz, Minuend, Subtrahend, Produkt und Faktor einführen (siehe Kopiervorlagen im Handbuch)

1 Schreibt die Aufgaben auf Kärtchen. Immer zwei Aufgaben haben das gleiche Ergebnis.

a) Ordnet zu.

b) Schreibt die Gleichungen in euer Heft.

S. 115 Nr. 1

b) 4 · 6 = 12 + 12 (24, 24)

4 · 6 | 40 : 8 | 6 · 5 | 6 + 24

40 – 35 | 7 · 6 | 9 · 6 | 32 : 4

100 · 0 | 70 + 6 | 50 – 8 | 0 + 0

30 + 38 + 8 | 40 : 5 | 54 | 12 + 12

2 Suche für jede Aufgabe passende Zahlen und schreibe die Aufgabe in dein Heft.

a)
- + = ·
- + = –
- + = +

b)
- – = :
- – = ·
- – = +

c)
- : = ·
- : = –
- · = ·

3 Setze fort.

a) 43 – 35, 43 – 34, 43 – 33

b) 43 + 35, 43 + 34, 43 + 33

c) 90 – 50, 89 – 51, 88 – 52

d) 40 + 50, 39 + 51, 38 + 52

e) 50 – 26, 55 – 24, 60 – 22

4 Fasse geschickt zusammen.

a) 9 + 9 + 5 + 7 + 9 + 7 + 7 + 5

b) 8 + 6 + 6 + 8 + 3 + 8 + 4 + 6

c) 7 + 4 + 5 + 4 + 7 + 5 + 7 + 4

d) 8 + 8 + 6 + 8 + 4 + 6 + 8 + 6 + 4 + 8

e) 3 + 9 + 4 + 9 + 3 + 9 + 9 + 4 + 3 + 4

S. 115 Nr. 4

a) 3 · 9 + 2 · 5 + 3 · 7

27 + 10 + 21 = 58

5

a) 34, 19, 66

b) 81, 39, 56

c) 72, 81, 87

Knobelaufgabe

Was fehlt? Zeichne in dein Heft.

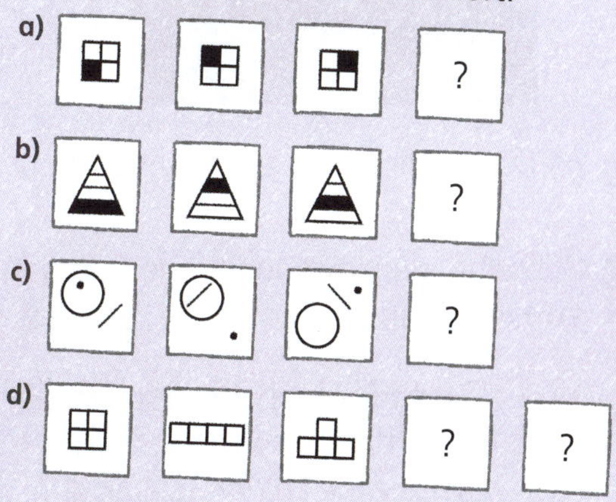

1

A Wie viele Kinder sind gerade im Schulgarten?

B Wie viele Zwiebeln passen in beide Kisten?

C Wie viele verschiedene Kräuter wachsen im Kräutergarten?

D Wie lang ist der Wasserschlauch?

E Wie viele Erdbeerpflanzen sind noch in der Kiste?

F Wie viele Salatköpfe stehen auf dem Feld?

a) Welche Fragen kannst du nicht beantworten?

b) Welche Fragen kannst du beantworten ohne zu rechnen? Schreibe die Antwort auf.

c) Bei welchen Fragen musst du rechnen, um sie beantworten zu können?

Schreibe **F**rage (F), **L**ösungsweg (L) und **A**ntwort (A) in dein Heft.

S. 116 Nr. 1
c) F: Wie viele Zwiebeln passen in beide Kisten?
L:
A:

2 Schreibe zu jeder Aufgabe Frage, Lösungsweg und Antwort auf.

a)

b) Die Klasse 2a arbeitet dienstags von 13.00 Uhr bis 14.00 Uhr und donnerstags von 13.30 Uhr bis 15.00 Uhr im Schulgarten.

c) Die Klasse 2b kauft für den Teich 3 Seerosen für je 19 € und 4 Wasserlilien für je 9 €.

d) Denke dir selbst eine Aufgabe aus und löse sie.

3 Schreibe die passende Frage und den Lösungsweg zu der Antwort auf.

A: Der Hausmeister bezahlt für vier Rosmarinpflanzen, ein Basilikum und zwei Salbeipflanzen 29 €.

Kräuter	Einzelpreis
Rosmarin	4 €
Salbei	5 €
Majoran	4 €
Basilikum	3 €

1 Über das Bild und die Fragen sprechen; weitere Fragen finden
2 Hier sind verschiedene Fragestellungen möglich

4 Die Lehrerin kauft für den Schulgarten einige Pflanzen in der Gärtnerei. Sie bezahlt mit einem 100-Euro-Schein.

a) Finde eine Frage, die zum oberen Bild und dem Aufgabentext passt. Löse deine Aufgabe. Denke auch an den Antwortsatz.

b) Schreibt einen eigenen Text, der zum oberen Bild passt und erstellt dazu einige Sachaufgaben. Stellt die Aufgaben anderen Kindern eurer Klasse.

5 Im Erntekalender kannst du ablesen, in welchen Monaten das Obst und Gemüse geerntet wird.

a) Überprüfe mithilfe des Erntekalenders, ob die Aussagen stimmen. Schreibe falsche Aussagen richtig in dein Heft.

Karotten kann man ein halbes Jahr lang ernten.

Die Erntezeit der Kartoffeln dauert zwei Monate länger als die Erntezeit des Kopfsalates.

In den ersten beiden und den letzten beiden Monaten des Jahres wird nichts geerntet.

Spinat wird im Frühjahr und im Herbst geerntet.

Erntekalender

	J	F	M	A	M	J	J	A	S	O	N	D
Tomaten							×	×	×	×		
Äpfel							×	×	×	×		
Spinat				×	×				×	×		
Erdbeeren						×	×					
Himbeeren							×	×				
Kopfsalat				×	×	×	×	×	×	×		
Karotten						×	×	×	×	×	×	
Bohnen							×	×	×			
Kartoffeln						×	×	×	×	×		
Kohlrabi						×	×	×	×	×		

b) Schreibe drei weitere richtige Aussagen zum Erntekalender in dein Heft.

6 Um den kleinen Kräutergarten soll ein neuer Zaun aufgestellt werden. 50 cm Zaun kosten 4 €. Schreibe Frage, Lösungsweg und Antwort in dein Heft.

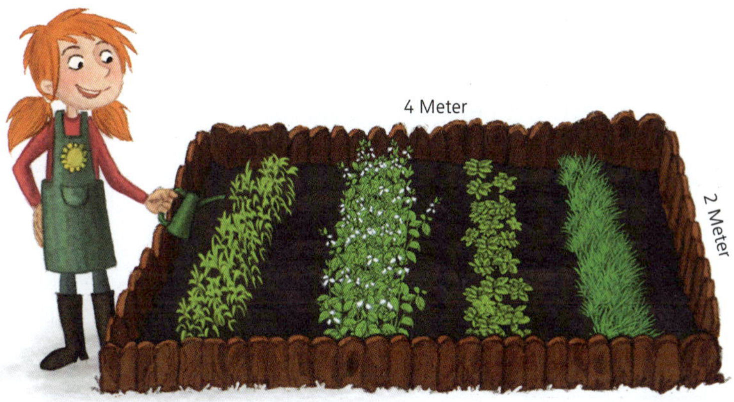

1 Wie viele Tüten kannst du füllen? Teile auf.

a) Fülle 26 Brötchen in Tüten. In jede Tüte sollen 6 Brötchen kommen.

b) Fülle 31 Brötchen in Tüten. In jede Tüte sollen 5 Brötchen kommen.

c) Fülle 38 Brötchen in Tüten. In jede Tüte sollen 4 Brötchen kommen.

2 Wie viele Erdbeeren bekommt jedes Kind?

a) Verteile 17 Erdbeeren an 2 Kinder.

b) Verteile 43 Erdbeeren an 9 Kinder.

c) Verteile 34 Erdbeeren an 4 Kinder.

3 Rechne die Geteiltaufgabe und die Kontrolle.

a) 26 : 5
23 : 4
18 : 3

b) 68 : 9
44 : 5
64 : 8

4 Vergleiche die Zahlen. >, < oder = ?

a) 4 · 8 ● 6 · 6
7 · 5 ● 5 · 3
24 : 6 ● 12 : 3
25 : 5 ● 42 : 7

b) 28 + 29 ● 7 · 8
17 + 37 ● 9 · 6
47 + 38 ● 100 − 15
23 + 19 ● 77 − 36

5 Finde alle Lösungen.

a) 8 · ■ < 42
3 · ■ < 25

b) 6 · ■ < 13
4 · ■ < 37

c) 20 : 4 > ■
45 : 9 > ■

d) 18 : 3 > ■
6 : 1 > ■

6 Setze fort.

a) 24 : 8
27 : 8
30 : 8

b) 56 : 7
58 : 7
60 : 7

c) 56 : 8
60 : 8
64 : 8

d) 28 : 4
29 : 4
30 : 4

e) 54 : 9
59 : 9
64 : 9

7 Wie heißt die gesuchte Zahl? Zeichne zu jedem Zahlenrätsel ein Pfeildiagramm und schreibe einen Antwortsatz.

a) Ella denkt sich eine Zahl. Wenn sie von ihrer Zahl 17 subtrahiert, erhält sie 62.

b) Timo denkt sich eine Zahl. Wenn er seine Zahl mit 7 multipliziert, erhält er 56.

8 Schreibe Frage, Lösungsweg und Antwort auf.

a) Die Theateraufführung der Klasse 2c beginnt um 15.30 Uhr und endet um 16.30 Uhr.

b) Es wurden 56 Stühle aufgestellt. 38 Leute sind zu der Aufführung gekommen.

Aufgaben zur Selbsteinschätzung als Kopiervorlage im Handbuch

1 Welche Beschreibung passt? Ordne zu.

2 Zeichne die Figuren und färbe die Kästchen rot, gelb oder blau nach Vorgabe.

a) Rechteck (Länge: 3 cm, Breite: 4 cm)
Es sollen doppelt so viele rote Kästchen sein wie blaue Kästchen.
Gelbe Kästchen gibt es in diesem Rechteck nicht.

b) Rechteck (Länge: 2 cm, Breite: 5 cm)
Es sollen so viele gelbe Kästchen sein wie rote und blaue zusammen.

c) Quadrat (Länge: 3 cm, Breite: 3 cm)
Es sollen gleich viele gelbe, rote und blaue Kästchen sein.
Es darf kein gelbes Kästchen am Rand sein.

3 Wie heißen die Zahlen der Kinder?

1

2

a) Schneidet zwei Blatt Papier wie oben abgebildet auseinander.
Jeder von euch erhält ein Dreieck und ein Rechteck.

b) Vergleicht nun die Größe des gelben Dreiecks mit der des grünen Rechtecks.
Legt geschickt. Eine Schere kann helfen.

c) Findet eine Begründung für eure Lösung.

3 a) Falte und zerschneide ein quadratisches Blatt wie abgebildet.
Lege Figuren aus den Dreiecken und zeichne sie in dein Heft.

b) Lege die Figuren **A** bis **D** nach. Verwende dazu alle Dreiecke.

c) Spanne die Figuren **A** bis **D** auf dem Geo-Brett.

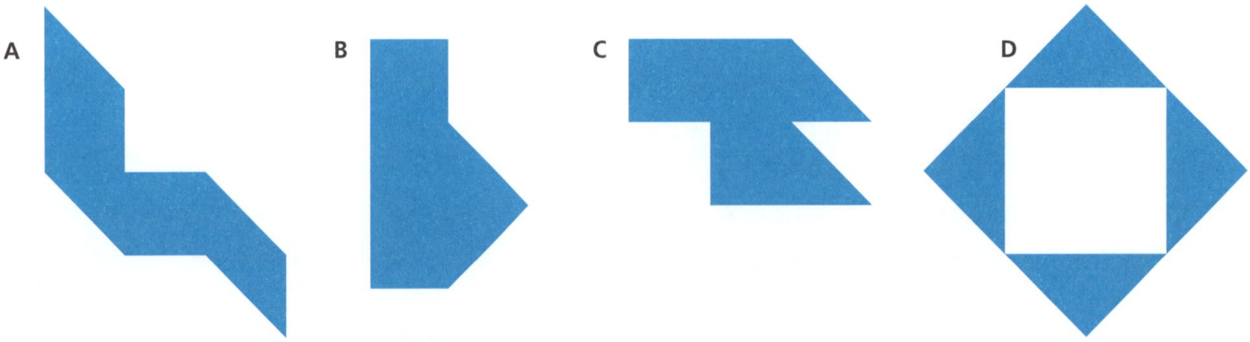

4 Wie viele Dreiecke brauchst du, um die Figuren auszulegen? Löse im Kopf.

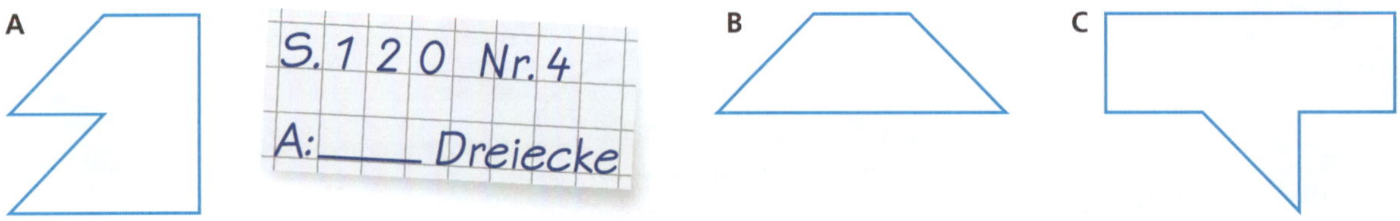

1 Situation mit Briefumschlägen und Papier nachspielen; über Flächen sprechen

5 Spannt die Figuren auf dem Geo-Brett.
Ordnet die Figuren der Größe nach.
Beginnt mit der kleinsten Fläche.

S. 121 Nr. 5
D <

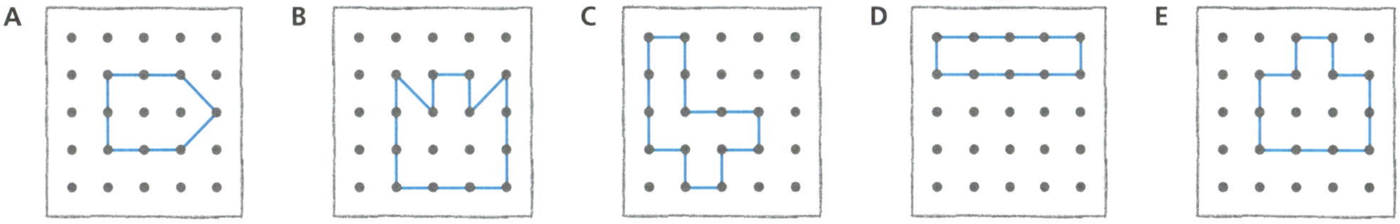

6 Spannt die Figuren nach und zerlegt die Fläche in zwei gleich große Teile.

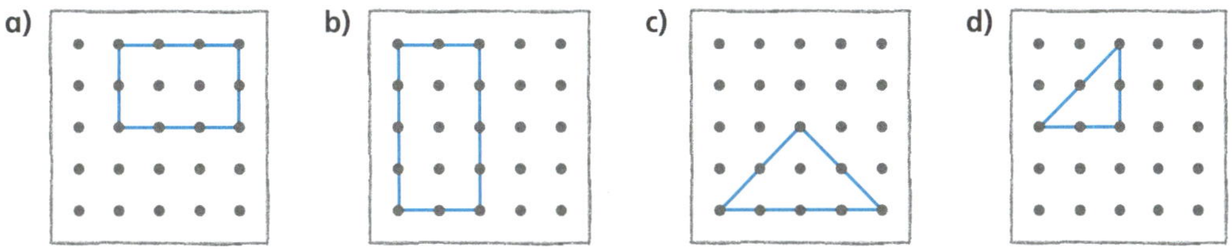

7 Vergleiche die gleichfarbigen Flächen miteinander.
Welche der beiden Flächen ist größer? Schätze zuerst.

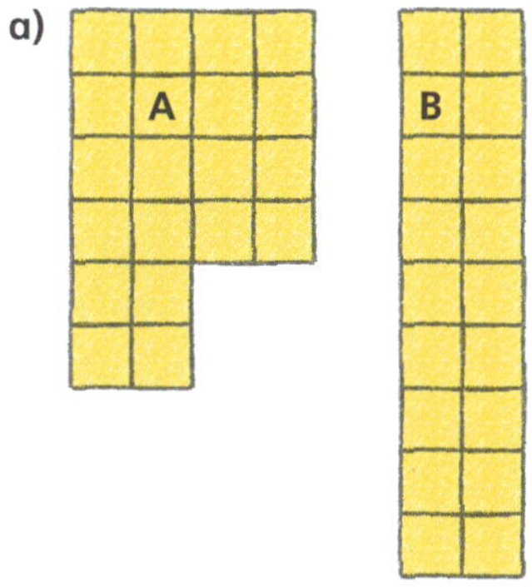

S. 121 Nr. 7

	geschätzt	gezählt
a)	A > B	A (20) > B (18)

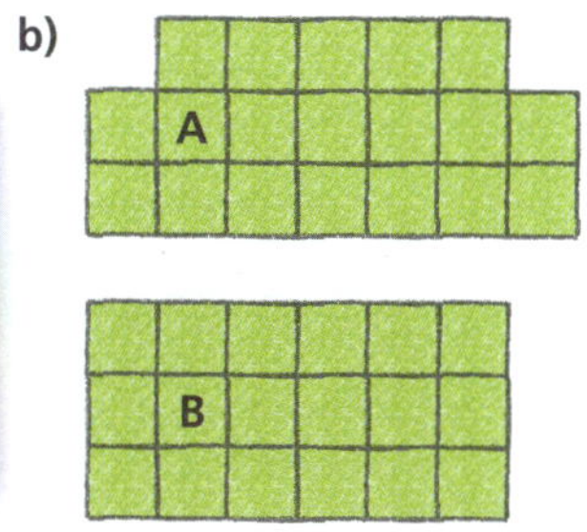

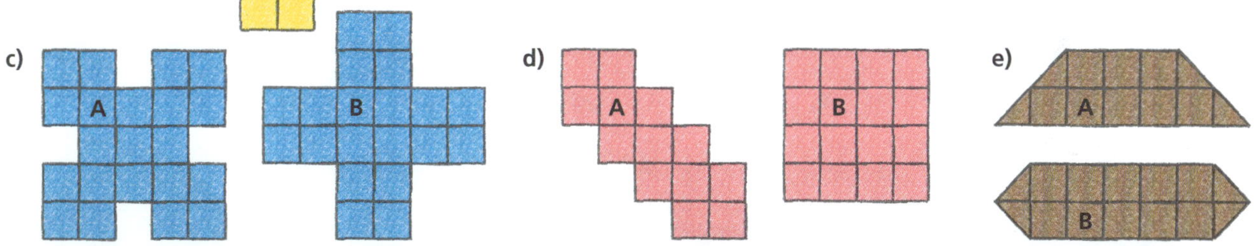

8 Vergleiche die Flächen A bis E nach ihrer Größe. Schätze zuerst und suche dann eine Möglichkeit, wie du die Größe der Flächen bestimmen kannst.

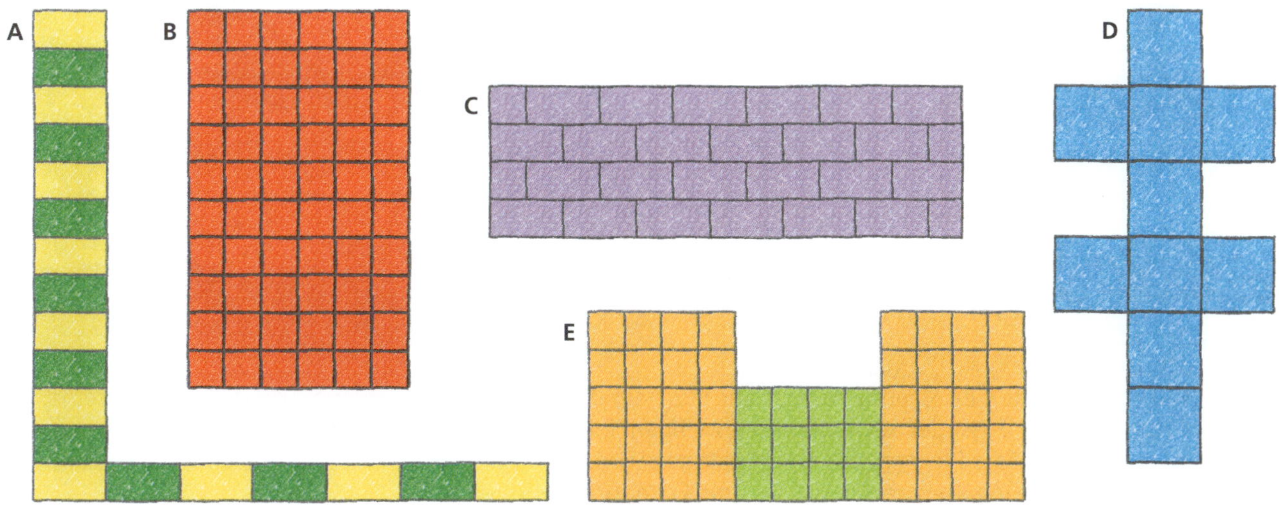

1

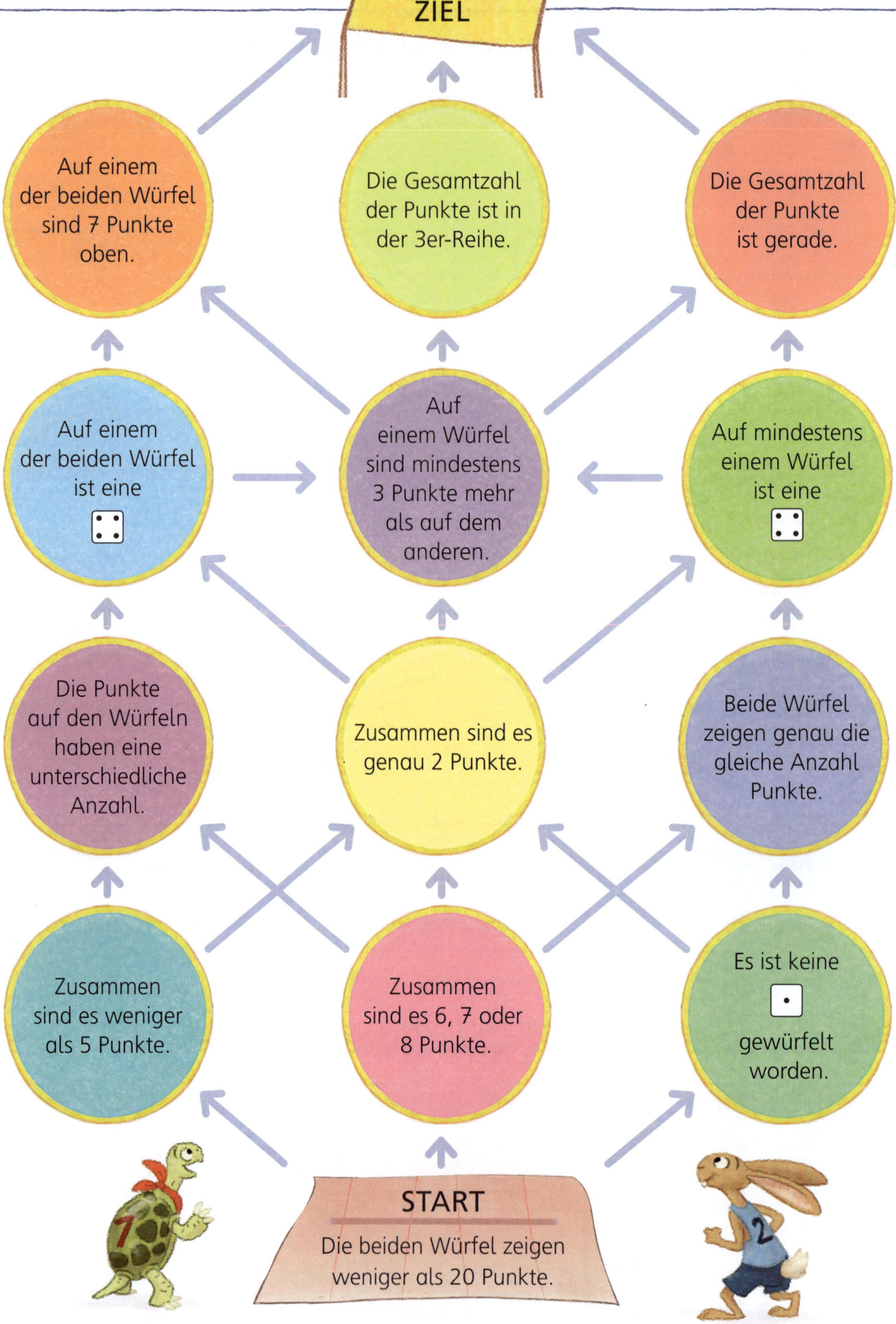

Material: 2 Spielfiguren, 2 Würfel
Spielregeln: Stellt eure Spielfiguren auf das Startfeld. Der ältere Spieler beginnt. Würfelt abwechselnd mit zwei Würfeln. Passt der Satz auf dem jeweiligen Spielfeld zum gewürfelten Ergebnis, darf man auswählen, in welche Pfeilrichtung weitergezogen wird. Man darf seine Spielfigur auch auf ein schon besetztes Feld stellen. Gewonnen hat, wer als Erster das Ziel erreicht.

2 Würfelt jeweils 20-mal mit zwei Würfeln und erstellt eine Strichliste.

a) Beide Würfel zeigen genau die gleiche Anzahl Punkte.

b) Die Punkte auf den Würfeln haben eine unterschiedliche Anzahl.

c) Es ist keine ⚀ gewürfelt worden.

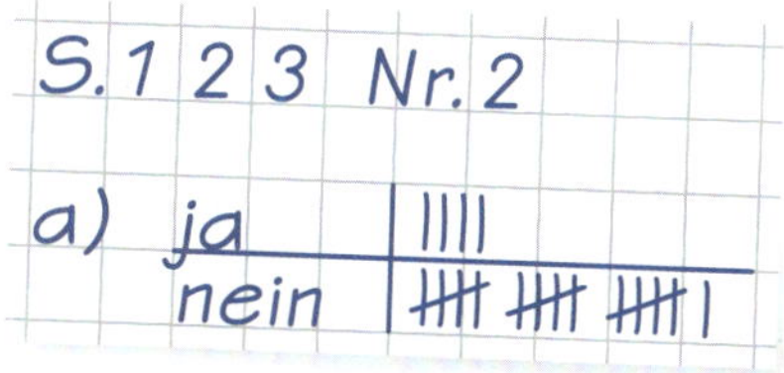

d) Untersucht auch andere Felder von Seite 122.

3 Welche Möglichkeiten gibt es, wenn ihr mit zwei unterschiedlich farbigen Würfeln würfelt? Zeichnet.

a) Zusammen sind es weniger als 5 Punkte.

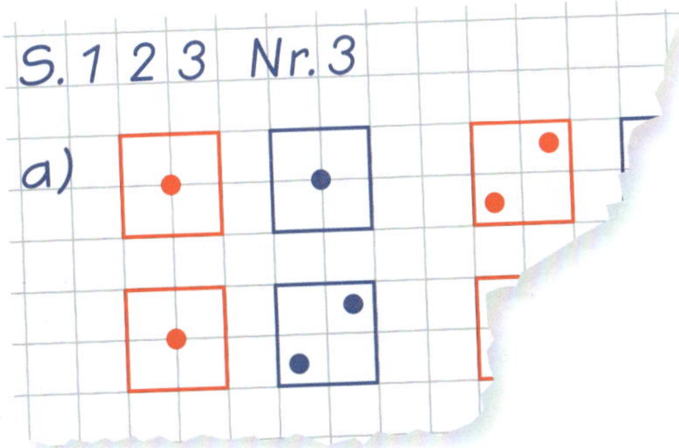

b) Auf genau einem der beiden Würfel ist eine ⚃

c) Zusammen sind es genau 2 Punkte.

4 Sprecht über die einzelnen Spielfelder. Welche Wörter passen? Begründet.

sicher · unmöglich · möglich · oft · häufig · nie · wahrscheinlich · selten · immer · unwahrscheinlich

5 Welches Würfelergebnis ist wahrscheinlicher? Begründet.

a) Auf einem der beiden Würfel ist eine ⚃ — Auf mindestens einem Würfel ist eine ⚃

b) Zusammen sind es weniger als 5 Punkte. — Beide Würfel zeigen genau die gleiche Anzahl Punkte.

6 Welches der beiden Felder müsst ihr wählen, um schneller weiterzukommen? Begründet.

Die Gesamtzahl der Punkte ist in der 3er-Reihe. — Die Gesamtzahl der Punkte ist gerade.

1 Die Klasse 2d führt das Theaterstück „Kaiser Knöpfchen" auf. Die Vorstellungen am Nachmittag sollen um 15.00 Uhr und um 16.30 Uhr beginnen. Sie dauern jeweils 35 Minuten.

a) Wie lange dauert die Pause zwischen der ersten und der zweiten Vorstellung?

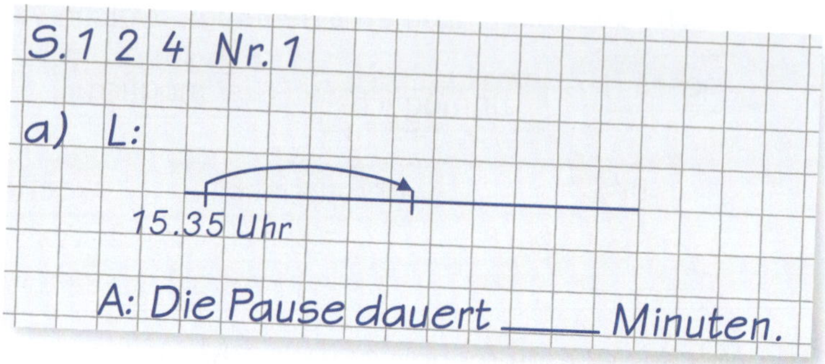

b) Für die erste Vorstellung wurden bereits 37 Karten verkauft. Wie viele Plätze sind noch frei?

c) Zur Vormittagsvorstellung um 10 Uhr kamen 41 Zuschauer. Um 11.30 Uhr waren es 7 Zuschauer mehr. Wie viele Zuschauer kamen insgesamt am Vormittag?

2 Jan möchte für sich und seine Schwester je eine Limo, eine Bratwurst und eine Waffel kaufen.

a) Wie viele Bons muss er kaufen?

b) Wie viel Geld muss er für die Bons bezahlen?

3 Frau Dieckmann bezahlt für sich und ihren Enkel mit 11 Bons. Was könnte sie gekauft haben? Schreibe drei Möglichkeiten auf.

4 Findet eigene Fragen zum oberen Bild und stellt sie euren Mitschülern.

1–3 Lösungsweg und passenden Antwortsatz im Heft notieren
3 Ggf. Hilfszettel für Rechnungen verwenden

5 Die Klasse 2c hat am Waffelstand 3 Waffeleisen.
Es dauert 2 Minuten bis eine Waffel fertig ist.

a) Wie viele Waffeln können die Kinder mit einem Waffeleisen in einer Stunde backen?

S. 1 2 5 Nr. 5

a) L:

A: Die Kinder können ____ Waffeln backen.

b) Wie viele Waffeln kann die Klasse 2c an ihrem Stand in einer Stunde backen?

c) Nach der letzten Theateraufführung spendiert Herr Westermeyer seiner Klasse 24 Waffeln. Wie lange dauert es, bis alle Waffeln fertig sind?

6 Wie viele Waffelherzen bekommt jeder?

a) Lilli hat sich 2 Waffeln gekauft und möchte sie gerecht mit ihren 4 Freundinnen teilen.

b) Ole, Anton und Lasse kaufen sich zusammen 5 Waffeln.

7 Wie viele Punkte haben die Kinder erreicht?

a) Timo trifft mit 3 Pfeilen in den gelben Kreis.

b) Ira trifft zweimal in den grünen Ring und einmal in den roten Ring.

8 Schreibe die Frage, den Lösungsweg und die passende Antwort in dein Heft.

a) Marie hat mit den grünen Pfeilen geschossen.

b) Paul hat mit den blauen Pfeilen geschossen.

c) Pia hat mit 3 Schüssen 40 Punkte erreicht.

d) Jan hat noch 15 Bons.

S. 1 2 5 Nr. 8

a) F: Wie viele Punkte hat Marie erreicht?

L: 2 5 +

A: Marie hat ____ Punkte erreicht.

5–7 Lösungsweg und passenden Antwortsatz im Heft notieren

1

2 Erstelle eine Tabelle wie im Beispiel vorgegeben. Schreibe die Preise vom oberen Bild in die Tabelle.

S. 126 Nr. 2

Preis mit Komma	10 €	1 €	10 ct	1 ct	Preis in € und ct
24,90 €	2	4	9	0	24 € 90 ct

3 Lege die Geldbeträge mit Spielgeld. Dein Partner soll den Betrag nennen. Benutzt verschiedene Sprechweisen. Wechselt euch ab.

4 Lege die Geldbeträge mit Scheinen und Münzen und schreibe mit Komma.

a) 6 € 78 ct
10 € 11 ct
9 € 20 ct

S. 126 Nr. 4
a) 6 € 78 ct = 6,78 €

b) 3 € 46 ct
25 € 50 ct
40 € 19 ct

c) 84 € 3 ct
32 € 80 ct
49 € 95 ct

d) 75 €
35 ct
1 € 1 ct

5 Schreibe als € und ct.

a) 9,95 €
10,40 €
20,96 €

S. 126 Nr. 5
a) 9,95 € = 9 € 95 ct

b) 4,20 €
98,99 €
77,01 €

c) 0,06 €
3,98 €
4,90 €

d) 0,62 €
1,80 €
48,95 €

6 Ordne der Größe nach. Beginne mit dem kleinsten Wert. Verwende <.

0,60 € | 60,60 € | 6 ct | 6,60 € | 6 € 68 ct | 66 € | 66 ct

1 Über Kommadarstellung bei Geldbeträgen sprechen
3 Spielgeld (Beilage 4) verwenden

1

2 Zeichne mit den verschiedenen Hilfsmitteln viele Kreise.

3 a) Zeichne Kreise mit dem Radius
3 cm; 5 cm; 2 cm; 8 cm.

b) Zeichne Kreise mit dem Durchmesser
8 cm; 6 cm; 12 cm; 14 cm.

c) Zeichne 5 verschiedene Kreise.
Notiere den Radius und den Durchmesser.

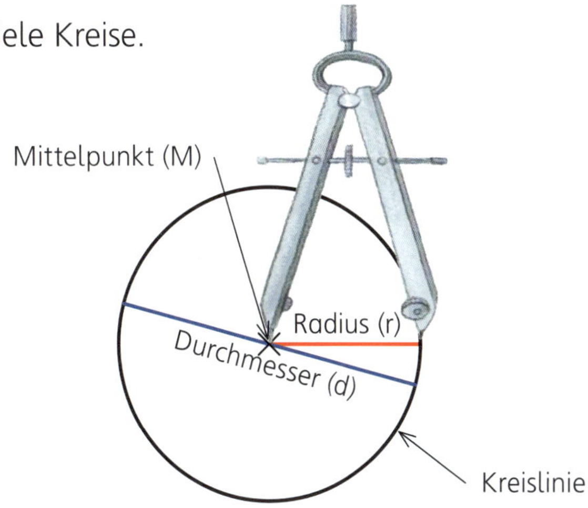

4 Zeichne die Muster und setze sie fort.

a)

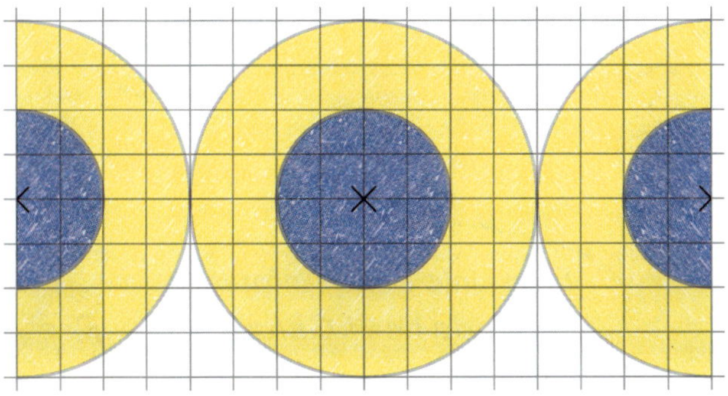

b)

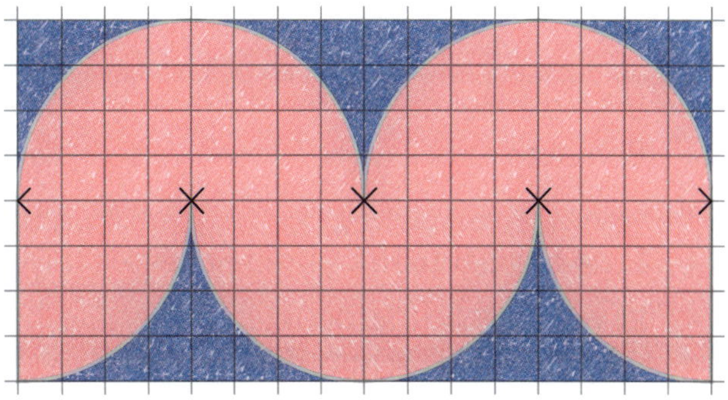

c)

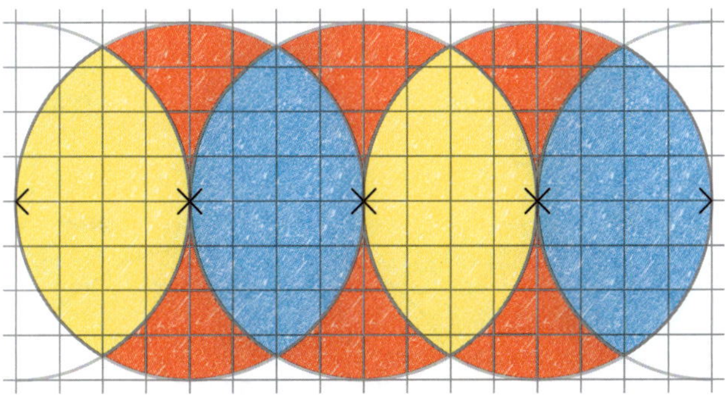

d)

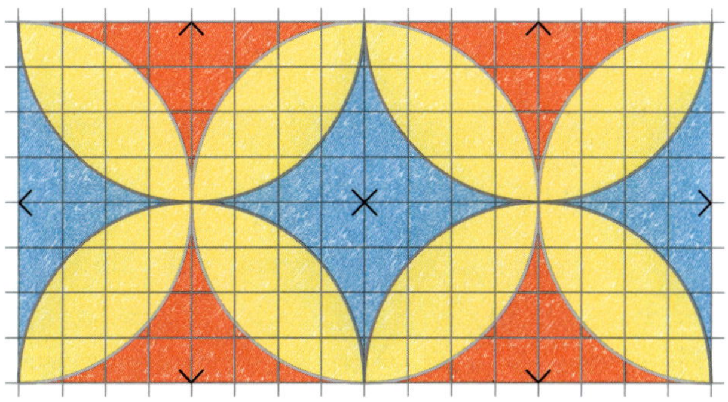

5 Erfinde eigene Muster mit dem Zirkel. 

1 Verschiedene Methoden ausprobieren, einen Kreis zu zeichnen und diese miteinander vergleichen
3 Über die Fachbegriffe sprechen; Zusammenhang zwischen Radius und Durchmesser erkennen

1 Stellt einen Faltwinkel her.

a) Ein Stück Papier ausreißen,

b) falten,

c) die Faltlinie auf beiden Seiten rot nachfahren,

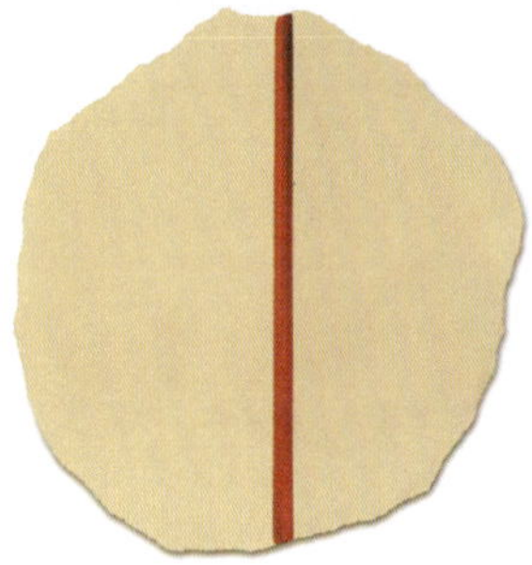

d) wieder falten,

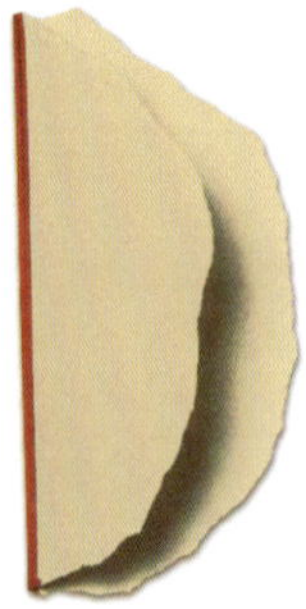

e) noch einmal so falten, dass beide Teile der roten Faltlinie aufeinander liegen.

2 Sucht im Klassenraum rechte Winkel. Prüft mit dem Faltwinkel und notiert die Gegenstände.

3 Zeichne mit dem Geodreieck rechte Winkel auf zwei Arten.

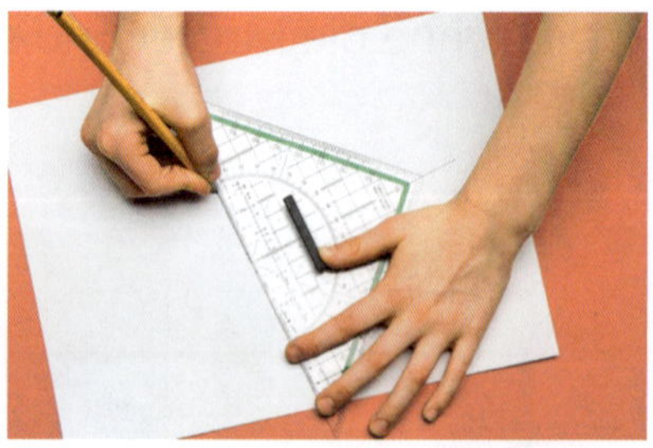

4 In welchen Schnittpunkten treffen Geraden senkrecht aufeinander?

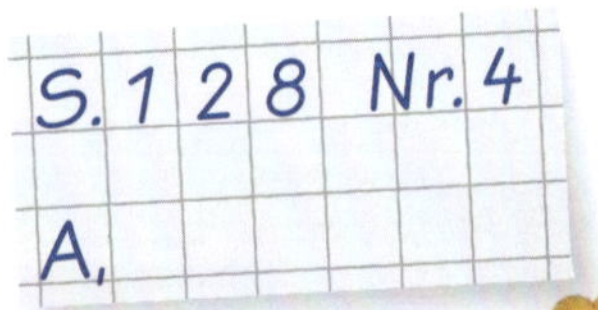

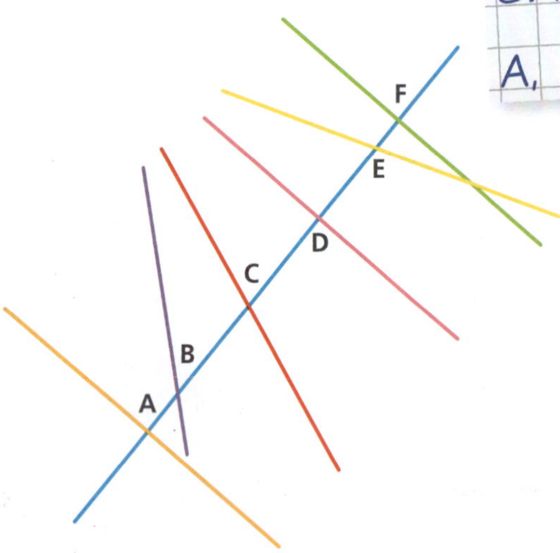

1 Das Herstellen eines Faltwinkels besprechen
3 Über das Anlegen des Geodreiecks zum Zeichnen rechter Winkel sprechen
4 Die Begriffe „Gerade“ und „Schnittpunkt“ klären

5

a)

b)

c)

6 Wo findet ihr in eurer Umgebung parallele Linien? Zeichnet oder schreibt auf.

7 Zeichne mit dem Geodreieck parallele Geraden auf zwei Arten.

8 **a)** Welche Geraden sind parallel zueinander? Prüfe mit dem Geodreieck.

b) Welche Geraden bilden einen rechten Winkel? Prüfe mit dem Geodreieck.

c) Welche Geraden schneiden sich?

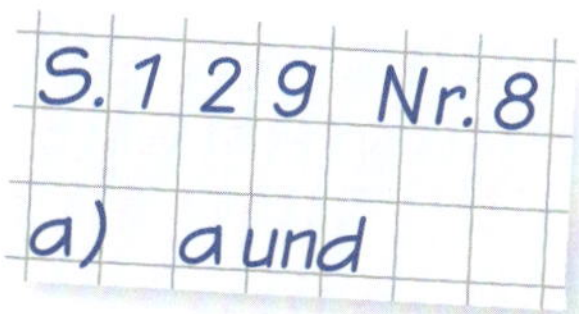

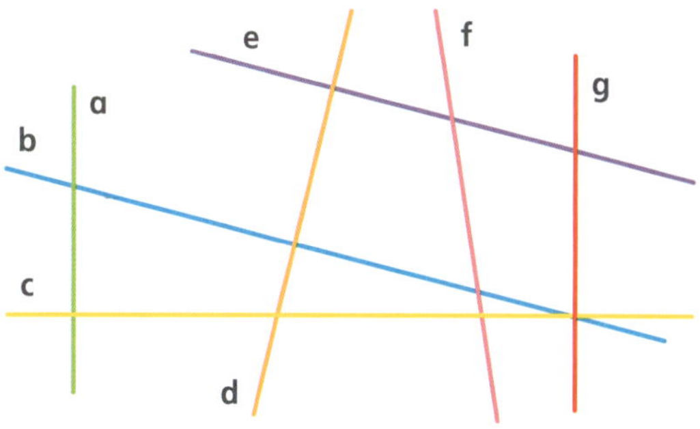

9 **a)** Zeichne zwei Geraden, die parallel verlaufen.

b) Zeichne zwei Geraden, die senkrecht aufeinander stehen.

c) Zeichne zwei Geraden, die sich in einem Punkt schneiden.

10 Zeichne ein Bild aus unterschiedlichen Geraden. Färbe die Flächen mit verschiedenen Farben.

11 Welche Linien sind parallel zueinander? Welche haben einen rechten Winkel? Prüfe mit dem Geodreieck.

a)

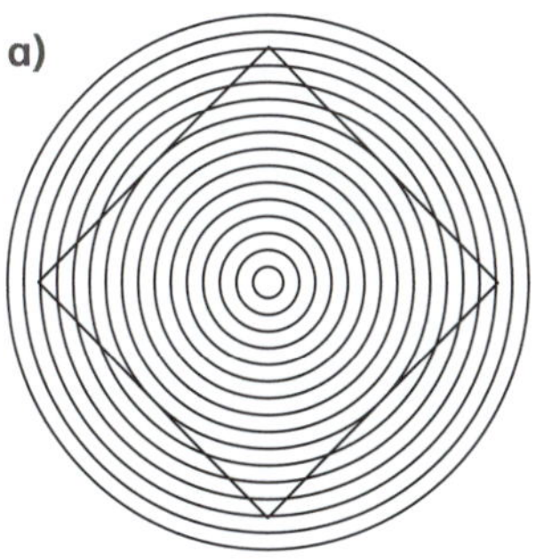

b)

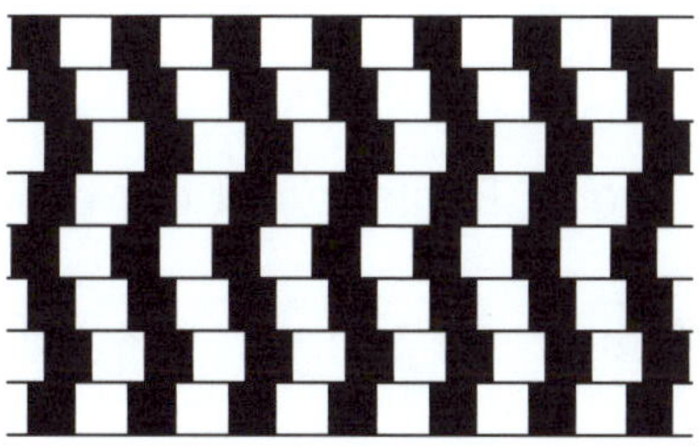

c)

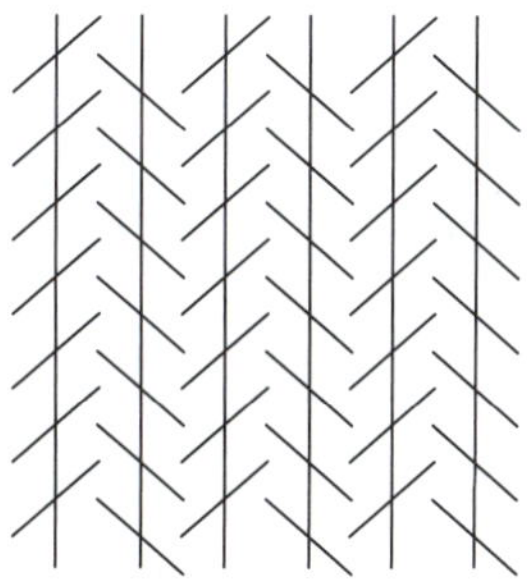

5 Eigenschaften paralleler Linien thematisieren
7 Über das Anlegen des Geodreiecks zum Zeichnen paralleler Linien sprechen

1

2 Stellt die Zahlen im Hunderterfeld dar und sprecht wie die Kinder in Aufgabe 1.

1H 4Z 8E | 85 | 200 + 9 | dreihundertsiebenundsiebzig | 300 + 51 | einhundertzweiundneunzig | 2H 6Z

3 Lies eine Zahl vor. Dein Partner soll auf diese Zahl zeigen.
Wechselt euch ab.

503 | 999 | 678 | 670 | 1 000 | 687
530 | 214 | 240 | 503 | 608 | 111

4 Ordne die Zahlen der Größe nach. Beginne mit der kleinsten Zahl. Verwende <.

45 | 55 | 131 | 11 | 87 | 178
105 | 187 | 155 | 111 | 107

5 Ordne die Zahlen der Größe nach. Beginne mit der größten Zahl. Verwende >.

350 | 710 | 920 | 700 | 460
60 | 170 | 290 | 510 | 690

1 Unterschiedliche Sprech- und Darstellungsweisen der Zahlen kennenlernen
2 Mindestens 4 Kinder in einer Gruppe; Zahlen mithilfe des Hunderterfeldes (Beilage 1) darstellen, dabei verschiedene Sprechweisen benutzen **3** Auf deutliche Aussprache achten

1 Wie viele Punkte sind es?

a) 

b) 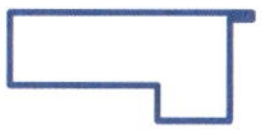

c) 

d) 

S. 131 Nr. 1

a) 400 + 20 + 5 = 425

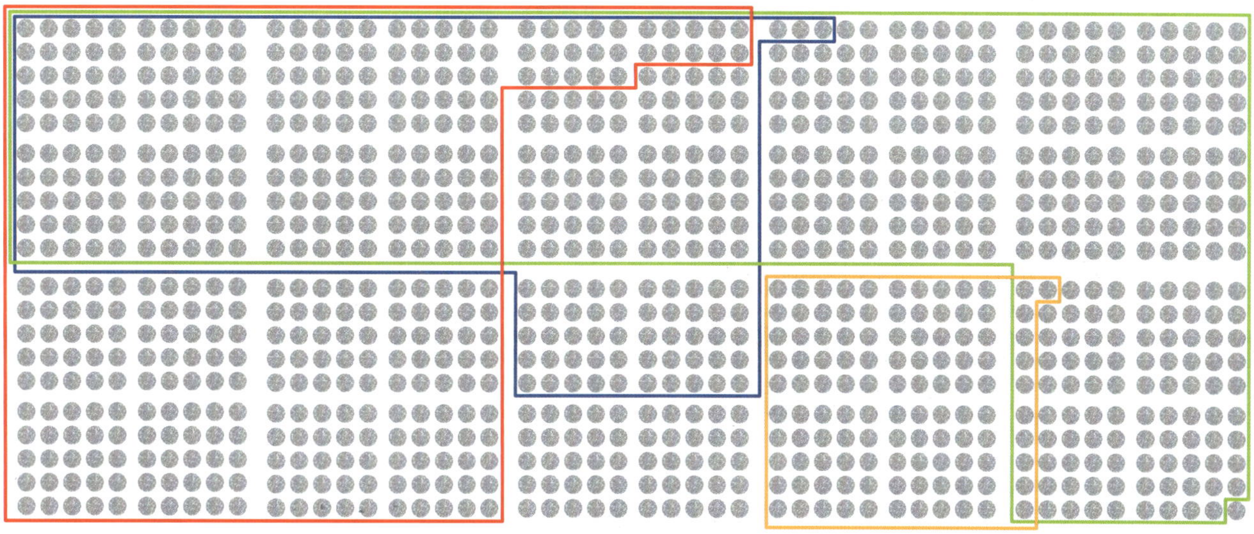

2 Wie viele könnten es sein? Zählt erst 10, schätzt dann 100 und danach die Gesamtzahl.

Minus-3-Code: A wird X, B wird Y, …

A	B	C	D	E	F	G	H	I	J	K
X	Y	Z	A	B	C	D	E	F	G	H

Tausch-Code:

A ↔ K
E ↔ L
F ↔ U
I ↔ W
R ↔ T

Zeichen-Code: ✕ wird C, …

✕	○	◺	⊔	□	ϩ	≈	⊠	•	|	⊗
C	E	H	I	K	L	N	P	S	T	Ü

1 Entschlüssle die drei Botschaften. Für jede brauchst du einen der drei Codes.

2 Erfinde eigene Codes. Schreibe dann verschlüsselte Botschaften.